Taking the Quantum Leap
The New Physics for Non-scientists

量子心世界
解读你的底层心智模式

[美]弗雷德·艾伦·沃尔夫 / 著　艾琦 / 译

华夏出版社
HUAXIA PUBLISHING HOUSE

谨以此书纪念我的父亲

莫里斯·沃尔夫

与我的母亲

埃玛·沃尔夫

谢谢你们赐予我生命

目录
Contents

序言　001

导言　005

第一部分　我们是观察者

　　第一章　被动观察　002

　　第二章　主动观察　018

第二部分　宇宙跳跃时

　　第三章　干扰性观察　048

　　第四章　量子飞跃　060

　　第五章　当粒子是波时　072

　　第六章　从未有人见过风　085

　　第七章　对不确定性的抵触　100

第三部分　外面真有一个外在世界吗?

第八章　宇宙广厦之互补　108

第九章　下落不明的宇宙　135

第十章　比加速的光子还要快　147

第十一章　打破坚不可摧的整体　158

第十二章　计穷途拙　174

第四部分　我们疯了

第十三章　意识与平行宇宙　192

第十四章　人类意志与人类意识　208

第十五章　量子物理学的新想法　235

序言

六年以后

1986年1月，大约200名量子物理学家聚集在纽约世贸中心，进行为期一周的研讨，讨论量子力学到底是什么奇怪的东西。这次会议(1986年在纽约市举办的关于"量子测量理论的新方法和新观点"的大会)在《量子心世界》首版发行六年后举行，我觉得以它来为《量子心世界》的增订版拉开序幕还是很合适的。

参加这次会议时，我想起很久以前的一件事——如同我在第七章中所描述的，阿尔贝特·爱因斯坦、尼尔斯·玻尔、马克斯·普朗克、马克斯·波恩、居里夫人、埃尔温·薛定谔、保罗·狄拉克、路易·德布罗意、亨德里克·洛伦兹、沃纳·海森堡以及沃尔夫冈·泡利等量子学巨星（大约有30人左右）曾于1927年在布鲁塞尔的大都市酒店讨论同一个议题。就想法或构思而言，这么多年来，量子物理学似乎并未发生什么太大的变化。

当然，1927年的这些巨星们都已撒手人寰，最后一位离世的是路易·德布罗意，他于1987年去世，享年95岁（译者注：原文为逝于1986年，92岁左右；根据德布罗意的生平资料，改译为逝于1987年，享年95岁）。尽管量子理论在二十世纪扮演着不可或缺的角色，令人惊讶的是，却没有多少量子学新星涌现出来。

1986年的这次会议，是为了向当今量子界的元老尤金·维格纳致敬而举行的。会议期间，维格纳与每个人分享他的智慧与洞见——而不是雪茄。时间飞逝，神秘犹在，薛定谔的猫依然不知是死是活地住在那个不知是否已充满毒气的容器里；量子力学的概率波（qwiff，亏夫）

依然在漫漫宇宙中传播与扩展，等待那些毫不知情的观察者来"引爆"它——改变概率并突然创造一个已观察到的实相；维格纳教授的朋友依然在好奇，他——或正在观察他以及他手中的量子系统的教授——是否"引爆了亏夫"并创造出他自己观察这一量子系统时所创造的那个美丽实相。此外，由爱因斯坦、鲍里斯·波多尔斯基和纳森·罗森提出，并且由他们三位姓氏首字母命名的EPR悖论依然困扰着与会者，他们不停地自问：量子力学是否完备？如果并不完备的话，又需要什么稀奇古怪的理论来完善它？

虽然约翰·贝尔并未参加会议，但是当他提出的定理以比光子还快的速度在世贸中心回荡时，你可以强烈地感受到他的精神就陪伴在你的左右。新一代的大师出现了，并且为我们带来极具创新性同时导向更多神秘的洞见。

会议主席丹尼尔·格林伯格使我想起了洛伦兹，他在布鲁塞尔主持了著名的1927年索尔维会议。会议期间，爱因斯坦宣布他并未真正涉足量子学。格林伯格对我们说，1986年的这次会议是长久以来在美国举办的第一次量子学综合性会议。我猜，自1927年以来，此类会议只有这一次！

格林伯格解释说，量子理论与传统科学背道而驰。一般来说，每过几十年就会有新的实验结果出现，这些实验所揭示的新现象无法用既有科学理论来解释。不过，对于量子理论而言，情况却截然不同。各种创造性的实验不断地证明了量子理论的有效和正确——尽管它的内涵具有相当的争议性。量子理论是正确的，而且，它依然是一如既往地怪异，一如既往地难以捉摸！

我在加州大学洛杉矶分校学习量子力学时，学过不少展示量子力学之怪异的例子——爱因斯坦称其为"思想实验"，著名的"薛定谔的猫"就是其中之一。那时，我们这些学生坐在教室里，边听教授讲解这一悖论，边偷偷轻蔑地笑："这一切听起来实在是太蠢了！"不过我们也没有想到将近30年后，那只猫还能活在——或者死于——IBM实验室的一系列半导体实验中。这些实验中，细管中的一点点磁通量取代了容器中的猫，然而，这可不仅仅是一丁点微乎其微的磁力，它是肉眼可见的，或者说是宏观级别的，能够在我们的日常世界中实现的。此外，就像那只必须在一个"幽灵世界"中同时活着与死去的猫一样，这一点点磁通量也必须同时存在于某一壁垒的两侧，直到某一观察者偷偷看它一眼，这时，它就会赫然出现在壁垒的一侧，或另一侧，就像那只猫一样。

确实如此，这次会议的主题之一就是如何实现或验证量子理论中那些稀奇古怪的观点——我们这些偷笑的学生绝对想不到它们有一天竟会成为现实。我们这些物理学家不仅发现量子力学没有受限于宇宙任何一个微小的边角，反而发现其应用范围越来越大，甚至可以应用在时空之外。

可以说，在《量子心世界》首版发行六年后，量子理论变得更加引人注目。人们认为1945年标志着"原子时代"的开始，而我相信一个新的时代就在我们面前。或许我们生活的这个时代应该被命名为"量子时代"，你只需环顾一下目前的现代技术，就会看到许多实例。如果没有那些微小的作用量子"大玩游戏"的话，美国的所有电视机都得立刻瘫痪。我们生活在被表演艺术家洛里·安德森称为"数码时代"的年代，嘴上常挂着"打开"和"关上"等词汇，要么拥有一切，要么一无所有——作用量子游戏的结果要么是0，要么是1，不存在任何中间值，绝不含糊！

现在再简单地说一说这一增订版中增加了什么新的内容，我增写了整整新的一章——第十五章，以详细描述这本书的第一版发行后出现的两个新想法。我对新主意、新想法最感兴趣，因此我阐述的重点就是对这些新想法的理解与领悟。我将一如既往地尽量用浅显易懂的语言描述这些概念，以争取对科学知之甚少的人也能够看得懂。对了，我得补充一句，这些新想法主要是关于空间与时间的。爱因斯坦的时空观如今已面目全非，我们的世界之外似乎还存在着平行世界，我们甚至能够对其调准频率。即使在这个世界中，我们似乎也能够从未来回归现在，并改变现在的我们对现实世界的感知与理解。

如果你已经读过这本书的前十四章，不用担心，它们和第一版一模一样，我没有改动一个字。第十五章是新增的一章，它的内容可能比前十四章更加怪异。到目前为止，没有人知道这些新想法会为这个世界带来什么样的变化。量子时代的古怪尚未进入我们生活的这个日常世界，不过，"明天"就是这里的"今天"，如果这些对于时空的新看法是正确的话，当时间转入21世纪时，我们就会进入一个神奇的时代。

弗瑞德·艾伦·沃尔夫

墨西哥圣米格尔德阿连德

1987年12月

导言

本书中所说的"量子飞跃"具有双重含义,字面及象征意义上的双重含义。从字面意思上讲,量子飞跃指的是物质粒子从一个地方移至另一个地方所进行的微小却极具爆发性的一跃。新物理学——量子物理——表明,组成这个物质宇宙的所有粒子都必须以这种方式运动,否则便不复存在。既然你和我都是由原子或亚原子组成的,我们也必须进行这"量子的一跃"。

从象征意义上讲,"量子飞跃"意味着敢于冒险,进入一片无章可循的处女地。如此的冒险之举充其量也只不过是一件"无把握之事"。与此同时,这也意味着,敢冒他人不敢冒之险,不过我想,你和我都愿意体验诸如此类的冒险。我冒险写了这本书,而你,并非物理学家的你,则冒险拿起这本书来读。我的同事们警告过我,写这样一本书实在是无谓之举,或者说一项"不可能的任务"。他们对我说:"一个没有坚实数学基础的人,是不可能理解量子物理的。"

对于那些发现量子力学之潜在实相的科学家而言,量子飞跃同样是一件既不确定又冒险的事。这"不确定性"可是实实在在的,对于一个原子而言,量子飞跃也不是一件有保障的事,你不可能绝对肯定地知道它将如何运动,也因此,一个新的物理定律诞生了——不确定性原理。创建新定律也是一种冒险,是对科学家的心智健全程度及自尊的冒险。新物理学揭示了一个奇异又神奇的地下世界,使物理学家们对"秩序"这个词又有了新的理解,这一新秩序——新物理学的基础——并不是在物质粒子中发现的,而是发现于物理学家的心智中。

也就是说,物理学家们不得不放弃他们对这个物质世界的既有观念。如今，物理学家发现物质之量子特性已将近八十年之久，然而，他们依然被迫去重新思考所有那些他们以前认为是神圣不可侵犯的理论，量子世界依然不停地给人们惊喜惊讶。

这本书描述一门新兴物理学——量子力学——的历史及概念，书中通过想象的方式讲述那些最抽象、最不切合人类共同经验的概念，并用图画代替语言进行更加清楚、生动的描述。以历史为主线，一个个富于想象力的概念充盈着整本书。因此，我希望即使对数学一窍不通的人也能够读懂。

我来举个例子好了。量子学家发现，物理学家对一个原子的观察会干扰这个原子，怎么会这样呢？

想象一下，有人要请你喝茶。不过呢，令人吃惊的是，请你喝茶的是一些超级微小的小精灵！你得拼命地挤呀挤，才能挤进他们的超级小屋。不管怎样，欢迎你！不过，一定要小心你的头，这屋子可不是很高！走路时也一定要倍加小心，小精灵的家具可是小得不能再小了。小心！唉，还是迟了一步，你刚刚踩碎了一个茶杯！

观测原子和亚原子的世界就好像是从屋外向小精灵的屋子里看，只不过还有一点，绝对让你分心的一点：每次你向屋子里看的时候，都必须打开一扇门或一扇窗，而这样做的话，你就会不可避免地剧烈晃动这间精致的迷你小屋，这一晃也彻底改变了屋子里的摆设。

此外，这些小精灵不仅个子小，脾气也实在不怎么样。如果你怒气冲冲或心情糟糕地走进他们的屋子，这些小人儿们也会对你态度恶劣；而如果你面带微笑，行为友善的话，他们则是温暖、灿烂的一群人。即使你并未觉察到自己的感受与情绪，他们却清楚得很！因此，在你离开他们的迷你小屋的时候，你可能会带着美好的记忆离开，也可能会沮丧而去，而且你根本不知道自己对这一经历到底该负多少责任！

如果你说，我所能观察到的只是这些行为的结果，即打开、关上精灵屋的门窗，摇晃精灵屋，打碎茶杯等，你很快就会自问：我刚刚看到的真是小精灵的屋子吗？还是某一完全不同的事物？在一定程度上，观察量子世界也是这样稀奇古怪，与观察精灵屋不相上下。即使对原子最浅显的观察，也会严重地破坏它，以至于我们根本无法知道原子到底是什么模样。于是，科学家们不得不提出疑问：那些原子的照片到底能有什么意义呢？一些科学家认为，原子只有在被观察的时候才存在——像一堆模糊不清的小球。

科学家们勉为其难地去描述微小物体——比如原子和电子（原子中带电的微小粒子）——的世界时，创建了量子力学。这一新物理学的发现过程则正是这些物理学家们在物质与能量的世界中所经历的历险过程。他们的种种尝试也实在是难为他们了，因为每一个新发现都会导致充满悖论的新结论。悖论有三：

其一，物体的运动不遵从机械运动定理。随着时间的推移，物理学家们对于物体的运动方式已经形成了基本的见解，对牛顿力学——或者说经典力学——对物质运动的描述有着坚定的信念。牛顿力学对物体运动的描述是，运动是物体改变位置的一个连续过程，物体连续不断地从一个位置移动到另一个位置。

量子力学未能支持牛顿力学对物质运动的描述，事实上，它反而表明物体不可能以这种方式运动；量子力学认为物体以一种脱节或者说不连续的方式运动，它们从一个地方"跳"到另一个地方，仿佛毫不费力，也不在乎是否曾经在两个地方之间出现。

悖论二与科学家对科学的看法有关，他们认为科学是观察自然并客观描述被观察物的一个合理、有序的过程。这一看法建立在"无论我们观察的是什么，当我们观察到它的时候，它确实存在"的信念之上。对于任何一个有理智的人——尤其是一位物理学家——来说，"缺乏客观性"是绝对不可容忍的。

然而，量子力学表明，我们观察自然的惯有常方式会在原子规模上创造并决定我们会看到什么，就像透过有色滤镜观看光一样，光的颜色取决于我们使用的滤镜。而且，物理学家也无法去除滤镜，他们根本不知道这些滤镜是什么。物理学家们发现，甚至对物质最基本的看法，亦即粒子的概念，竟然也是一种误解，如果你认为粒子特性完全独立于观察者的话。因为，一个人所观察到的现象好像取决于他对于观察所做的选择。

被观察者本身并不自相矛盾，不过，从多次观察结果中总结出来的对被观察者的整体印象却似乎是荒谬无意义的。让我再举一个例子。

有一个叫做双缝实验的著名实验，一束粒子被射向一块不透明挡板（挡板A），现在我们在射出光束——粒子束——的地方和挡板A之间再放置一块有两条平行狭缝的不透明挡板（挡板B），这样，粒子必须通过其中的一条狭缝才能抵达挡板A。每个抵达挡板A的粒子都会留下微小的痕迹，或者说黑点。令人惊讶的是，仅开启一条狭缝时，抵达挡板A上某些位置的粒子数竟然多于两条狭缝同时开启时的粒子数！

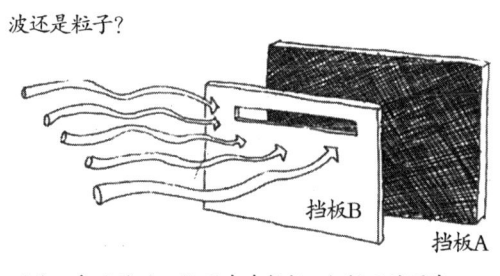

波还是粒子？

开启一条狭缝时，粒子束在挡板A上留下的图案

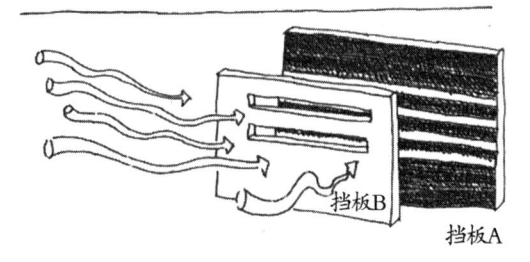

开启两条狭缝时，粒子束在挡板A上留下的图案

图1　双缝实验

如果你认为这束光仅仅是由微小的粒子组成的，就绝对无法理解上述现象。一个粒子怎么可能知道有一条还是两条狭缝处于开启的状态？因为有两条狭缝作为粒子的通道，粒子具有双倍的机会穿越狭缝抵达挡板A。这意味着，如果开有两条狭缝的话，粒子抵达挡板A上空白区域的频率应该更高。不过，我们看到的可不是这样，当有两条狭缝打开时，这些粒子在挡板A上留下一定的空白，并与它们最终着陆的区域形成明暗相间的条纹。

一旦关闭了其中一条狭缝，这些粒子就失去了选择的机会，然而它们却填满了暗色区域之间的空白地带。

为什么这些粒子在两条狭缝都处于开启状态时会避开挡板上的某些区域呢？这些粒子是否"觉知"到这两条狭缝的存在？所有关于粒子的常识观念都无法解释它们在拥有两种选择时的怪异行为。或许粒子的两个可能路径——通过其中的一条或另一条狭缝——互相干涉，最后互相抵消；也或许，这些粒子穿过狭缝后互相碰撞，阻碍了彼此。

不是的，并非如此！科学家们已经能够控制这些粒子，让它们逐一通过狭缝。尽管如此，当有两个狭缝同时打开时，每个粒子都依然避免那些空白地带。也许，我们还有其他方法来解释这一实验现象吧。

是的，确实有！当这些粒子通过狭缝时，它们并不是粒子，而是波！波确实会彼此干涉。事实上，如果我们承认每个粒子都有波长，而且将波的干涉性纳入考虑之中，就可以轻而易举、完完全全地解释挡板A上的空白地带。这意味着，我们对粒子的最初描述——纯粹的粒子性——肯定存在着一定的错误，它们根本不是粒子，它们是波！

不对，这也不对！当这些波抵达挡板A时，也没有像通常的波那样随意落在挡板的四处，而是以"点"——一系列的"点"——的形式着陆。因此，归根结底，这些波还是粒子。

到底是粒子还是波？哪个描述才更准确？这取决于你进行哪一部分的实验。如果只开启一条狭缝，它们是粒子；如果开启两条狭缝的话，

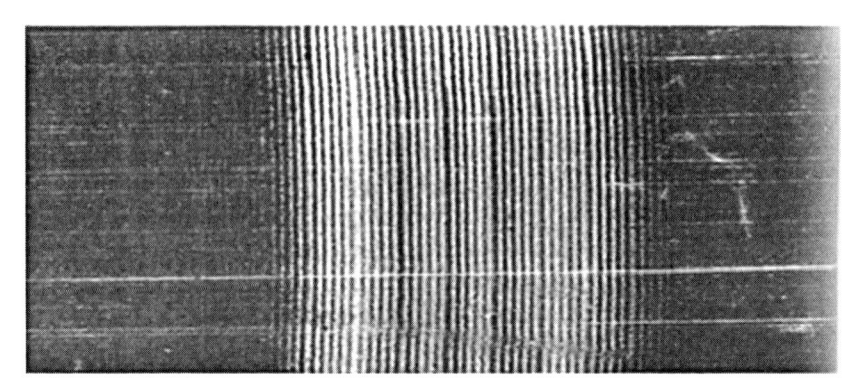

图2　电子双缝实验的干涉图案

它们则是波。这一粒子束的特性取决于我们的实验方法。

如此这般，我们就自然而然地来到了第三个悖论：尽管诸如此类的实验确凿地证明了"无序性"，量子力学却表明，宇宙是"有秩序"的，不过这不是我们所期望的"秩序"。描述宇宙的"真实秩序"其实是非常困难的，因为它超越了我们这个物质世界。它牵涉到我们本身、我们的心智及想法。如何将物理学与我们的心智统一起来，这是一个令人争议不断的问题。对于"我们的想法会切实地影响我们所观察到的一切"这一点的逐渐认知已经导致了观念与哲学上的革命，更别说它对物理学的影响了。

量子力学所描述的是宇宙秩序——我们以一种极其特殊的方式涉入其中。事实上，我们的心智是以一种我们无法想象的方式参与大自然的。"如果没有人观察一个原子的话，可能它就不会存在"这一想法对我来说实在是激动人心。针对于原子的这个事实，是否也适用于其他科学领域？或许，许多在我们心目中确实存在的东西，其实只是"相由心生"罢了；或许，这个物质世界的外相之所以神奇，只是因为有条理、有秩序的科学过程并未将观察者纳入考虑之中；或许，所谓宇宙的秩序只不过是我们自己心智的秩序而已。

第一部分　我们是观察者

第一章　被动观察

> 我思。
> 我认为我在，
> 故我在。
> 我认为？
>
> ——忧郁布鲁斯乐队

"有谁见过风？"诗人克里斯蒂娜·罗塞蒂这样问。"你我都没有！"尽管如此，我们都相信风的存在。同样，也从未有人见过基本粒子，尽管如此，物理学家们非常相信它的存在。然而，为了护持这一信念，他们不得不放弃一些关于这个物质世界——物质和能量的世界——的重要想法及概念。他们勉为其难地在这个原子、分子以及其他基本粒子的世界中探险、跋涉，量子力学便是他们探险的收获。而他们借由量子力学所发现的知识则成为对宇宙的新洞见：观察者影响被观察者。

追根溯源的话，量子力学之"根"——关于运动的新物理学——深植于人们对运动的最初认识。我们甚至还可以继续向前追溯，在人们对运动有任何认知之前，便存在着一根细细的"根须"，这便是关于"观察者"的看法。这一看法中蕴含着"被动的"或者说"不具破坏性的观察者"这一观念，人类是眼睛的傀儡，眼见则信为实。

在能够实现科学观测之前，人们必须学着观察和辨别，这是一个漫长的过程。人类最早的观察既被动又不具辨别性。我们首先开始观察自己的独立存在；之后又向上、向外看，开始观察那些"非我"的东西；我们小心翼翼地伸出手，去触摸——触摸的后果有时会是很痛的。那时，"外在世界"可并不总是友好的。后来，我们慢慢地战胜恐惧，又开始触摸、辨别各种东西——尤其是它们并不会弄痛我们的时候。这些都是主动或实验性的观察。

很有可能，我们最初的观察对象是运动的物体，比如微风中起舞的野草，或者天空中徜徉的白云。夜间，我们仰望挂在夜空中的星星……心中充满了好奇。拂晓时分，我们看着太阳在天空中巡行，其运行轨迹和夜空中的星星是如此的相似。或许，我们也会拾起一块石头，用力朝太阳扔过去。

各种物体的运动吸引了我们的注意力，也为我们揭示了万事万物的自然秩序。火向上飞扬，物体紧贴大地，空气飘在水之上，水悠然落下，然后在地表漂游。

当一个物体离开了它的本原位置时，就会运动，以寻找、回归原处。比如火就来自于宇宙中的星星。人类进入这个场景后，扰乱了这一自然之流——或者说事物回归其本原位置的连续性运动。通过被动的观察，我们能够了解大自然的秘密；如果去碰触，我们就会打扰这一过程，什么都学不到。

然而，我们可以思考"运动"，能够想象它是如何发生的。我们甚至能够创建运动模型，将一支箭的运动想象成一系列静止之箭的总和，每支箭都紧随它前面的那只箭，正如播放电影一般，将胶卷中那些静止的画面转变成一个动的过程。

这些想法以及人类最早的观察正是现代运动学——量子力学的神奇世界——之"根"。

第一章 被动观察

意识的黎明

回到人类对观察的最初尝试并不难，看一看新生儿即可，看婴儿如何抓住他眼前的手指——同时也是抓住知识，你就看到了早期的观察者。这个婴儿正在逐步觉察他与外在世界之间的细微差别。

他一直在思考，这是一个无需语言的思考过程。爱因斯坦常说，他最好的主意常常是以画面——而不是以语言——的形式出现的。事实上，爱因斯坦四岁才开始说话。

或许，也存在着一个综合与分析的过程，这个婴儿可能也在将母亲发出的声音与他所观察到的事情联系在一起。无论如何，他肯定在辨别，此种辨别——分辨"外在"和"内在"——被称为"主客之分"。

当我们假设的第一位观察者开始学习辨别时，他就开始觉知。"意识"的意思就是"觉知"，而第一个觉知肯定是"我是"这个概念。为了感知"我"这个概念，我们这位"第一个观察者"就需要先学会他不是他的大拇指，也不是他的脚。这个"内在"的体验是"我"，那个"外在"的体验则是"它"。

今天，我们能够轻而易举地辨别这一点。举个简单的例子，觉知一下你的拇指。你能够感受到你的大拇指，更确切地说，你能够感知你大拇指的存在。现在，再感知一下你的左脚跟。同样地，仅仅一个小小的念头——你只需想一下，就能够感受到你的左脚跟。事实上，你能够以这种方式感知身体的任何器官，不需要用手去触摸身体的器官，用心智就能够感受它们。

做完这个"感知练习"后，你就意识到你所感知到的并不是你，我们可以将这一体验看做是意识或觉知从心智到身体各个部位的运动。"辨别"悄然发生，它将你的"内在"与你的大拇指或脚跟区分开来。在能够进行真正的观察之前，对"内在"的体验是必不可少的，因为观察本身所针对的完全是"外在经验"。

人们认为，大概三千多年——甚至更久之前，那时的人们尚无法清楚地辨明"外在"与"内在"或者说"我"的区别。或许他们只是隐约地知道自己有这种辨别的能力，不过他们没有"我"的意识。关于"我"的意识，朱利安·杰恩斯在他的著作《双相心智崩溃过程中意识的起源》中提出了令人深思的精彩论点。

杰恩斯认为，大约三千年前，我们的祖先经历了第一次"精神崩溃"。他们开始觉知自我的存在，拥有主体意识，不再下意识地自动跟随他们脑中"神的声音"。杰恩斯相信，人类的两个半脑基本上是独立运作的，发生精神崩溃后，"神的声音"消失，人类开始觉知自己的存在，知道自己是一个独立的个体。

透过这一相当粗暴猛烈的觉醒过程，人类获取了新的觉知：对其周遭环境的觉知。意识大崩溃——杰恩斯所提出的意识大崩溃——五百年后，古希腊文明诞生了。内在的"神的声音"不再控制人类意识，不过，可能依然有残留的嗡嗡声在希腊人脑中萦绕。他们开始热切地观察进入他们视线中的一切事物。然而，因为他们害怕"外在世界"，而且缺乏自信，他们依然是被动——不过却相当精确——的观察者。他们的第一个问题则是："万物皆一？还是万物皆在改变？"

万物皆一，万物皆在改变

古希腊最初的观察与神、精神和物质有着密切的关系。在对人类境况的理解上，他们的思想存在着冲突：要么万物皆一，要么万物皆在改变。对于希腊人来说，这可不是什么妄想，而是基于观察的想法。确实如此，这些想法大部分源自于自我观察。

让我们先看一看"万物皆一"的观点。如何才能完全理解这一概念呢？就从我们都无法否认的体验开始吧：对我们自身之存在的体验。我们都知道自己是存在的，这就是对"我"的体验，也或许是唯一一个我们每个人都"确知"的体验。手捧这本书的你，可以用片刻的时间来觉察一下你正在"捧着这本书"。这一瞬间的觉察就是希腊人所谓的对"万物皆一"的体验，对他们来说，这是最终极也是最基本的体验。

那其他的东西呢？其他的一切都是幻相，就像在迪斯尼乐园游玩或者看电影一样。毕竟，我们无法确知外在世界的一切人、事、物都是确确实实存在的，他（它）们都在我们直接体验的范围之外，这就是希腊人所描述的"万物皆是存在"或者"与神合一"的体验。借由一直对这一体验——每时每刻都记得"我"的存在——保持觉知，对"独一存在"的体验保持觉知，那么，这个"我"就是神，其他的一切则是幻相。

还有一些古希腊人对此持不同的观点。他们认为，万物皆在运动，他们不相信神，也不相信什么"全能、不变、不生不灭的存在"，对"我"的瞬间觉知则是一个幻相，连续不断的改变或运动才是宇宙唯一的本质。万物皆在改变，不存在任何"静止"的物体，保持"我"这一幻相是错误的，也是不可能的。你时时刻刻都在改变，每个时刻之后都是另一个时刻，无论我们愿意与否，时间都在不停地前行。回到刚刚你"手捧这本书阅读"的那一刻，甚至注意到自己现在正在阅读，这本身都是一种改变。你无法让时间停驻，甚至就在你开始继续阅读的一刹那，你刚刚那"觉知的一刻"便已成为过去。"我"并不存在！"你"也不存在！只有改变和运动！

于是乎，"改变"和"存在"之间的冲突开始了，从此，古希腊的海边展开了一场场激烈的辩论，"意识黎明"的下一步则是思考并撰写此类事物。人们满怀热情地去探索神、精神和运动之谜。伟大的科学精神也从这些辩论中悠然而生，巩固了量子力学的根基。那么，如果万物皆在改变，它们又是如何改变的呢？

关于不连续性的观点

我一直很喜欢查理·卓别林的电影。这位小个子男人总是因为好管闲事而惹上一身麻烦。尽管如此,每一次他都能成功地逃脱困境。他通常采取的逃离方式是一种不连贯或者说不连续的方式。我觉得这实在是很滑稽,因为我知道"运动"并非真以卓别林电影中的方式进行。在实际生活中,运动似乎是流畅和连续的,没有一点点卓别林特色,卓别林电影中所展示的"跳跃"是经过艺术加工的,用一系列的静止画面来取代真实生活中的运动。

连续的运动由若干静止的瞬间组成,这一概念几乎已经根深蒂固地存在于我们心中。因为我们也已经习惯于静止不动——比如静静地为摄影师摆出姿势,所以对我们来说,想象一个物体如何从一个地方运动到另一个地方,是轻而易举的事情。

毋庸置疑,是希腊人首先开始了对"运动之不连续性"的科学探讨。希腊思想家芝诺和亚里士多德告诉我们,用一系列"静止的画面"来分析一个物体的运动实在是一件难上加难的事情。

芝诺用三个悖论来展示他对"运动之不连续性"的看法。他指出,我们借由想象对运动所进行的描述并不同于我们真正看到的运动。他以放电影为例——物体的运动正如连续播放一系列静止的画面——讲解了二者的区别。

后来,亚里士多德试图证实这种"电影式的运动"是不可能的,他认为在实际生活中,物体的运动是一个连续的"整体"。他觉得芝诺以"放电影"来描述物体的运动是错误的。通过阐明芝诺的理论中两个不同的理解方式,他展示了自己对物体运动的观点。亚里士多德好像非常成功地证实了芝诺的"错误",从此以后,似乎不再有人侃侃而谈运动的不连续性,而且,人们开始相信,原则上讲,可以将运动理解为一系列"不可分割的静止瞬间"组成的连续流。

事实证明,撼动"运动是连续的"这一观念简直比登天还难,它深深地植根于现代力学的核心。连续函数以及现代微积分等概念便是明证。亚里士多德的运动观点所产生的深重影响,再加上希腊人对分析大自然的勉强态度,这些早期的思想家们一直未能发现原子级物体的运动确实是不连续的。尽管芝诺曾提出这一想法,我们还是等了足足两千年,才发现了原子级物体运动的不连续性。

芝诺与运动的物体

芝诺生于意大利半岛南部的埃利亚,他出生时,埃利亚已是学术思想的基地。当然,他也勤于思考和想象。虽然物理课本中很少提及他的名字,他却是现代理论物理学家的先驱。理论物理学家的工作就是解释所观察到的一切,如果我们无法解释某一现象,就会说我们对于类似现象的分析与理解存在着歪曲。简言之,无论能否给出合理的解释,我们都会挣到薪水,我们要么教大家如何理解我们以前无法理解的现象,要么措辞得体地指出我们对某一现象的理解是错误的。

芝诺出色地完成了理论物理学家的第二个任务,他向同行们明确指出"他们的头脑中塞满了豆子"。他用逻辑论证(双相心智崩溃后的新思考工具)来证明运动是不可能的。

芝诺当然知道运动并非是不可能的,希腊人可不傻。不过,芝诺所关注的是对运动的理解,他透过一系列的辩论来分析运动。芝诺试图证明他的同行们对于运动的理解是完全错误的,他们当然不会轻易地接受他的观点。

关于运动,芝诺提出了三个悖论,这三个悖论均与物体在空间及时间中的运动方式有关。芝诺所提出的问题是:"如果一个物体只是在某一既定时刻占据某一既定位置的话,我们该如何理解运动呢?"

诚然，一个物体必须在某一既定时刻处于某一既定位置，因为它无法在同一时刻也处于其他位置，否则的话，它就得在同一时刻同时处于两个或两个以上的位置。"因此，我们必须假定……"我想象芝诺正在对众人阐述他的观点，"一个既定物体必须在某一既定时刻处于某一既定位置，而且仅仅是一个位置，不可能更多。"

现在我们再来听一听芝诺想说的第二点。他继续说："如果物体真像我所描述的那样，那么它就必须在某一既定时刻离开它的既定位置，以便在之后的某一时刻抵达下一个位置。这下问题就麻烦了。"那么，让我们来看看芝诺所提出的三个悖论中到底都有什么麻烦。

芝诺的第一个悖论

"运动不可能存在。"芝诺说，"因为，如果一个赛跑者要想抵达比赛的终点，他就得先跑过这段比赛距离的中点。"我们当然同意，如果一个赛跑者想跑到终点线的话，就得先跑过全程的一半。"但是，"芝诺继续说，"你能否看到这其中的矛盾呢？在他跑过全程的一半之前，就得先跑过全程一半的一半。"当然，我们对此也毫无异议。"那么，问题出现了，"芝诺慷慨地说道，"我刚刚的假设适用于他需要跑过的整段比赛距离，在他抵达全程1/4处之前，就得先跑过全程的1/8处，并在此之前，跑过1/16处，再之前……"

好了，现在我们看到问题了，无论这位赛跑者想跑多远，他都得先跑过其路程的一半，而从起点到终点的这段路上，一半的一半的一半……是无穷尽的。"正是如此！"芝诺大叫，"有无限多个中点，而每个中点都标志着一段有限的距离——赛跑者抵达下一个中点之前必须跑过的距离，因此，他先要跑过的第一段距离并不存在，因为……"因为他必须先跑过这第一段距离的中点，依此类推……现在我们终于明白了芝诺的意思，这位赛跑者被"定"在起点，根本无法起跑！当然，赛

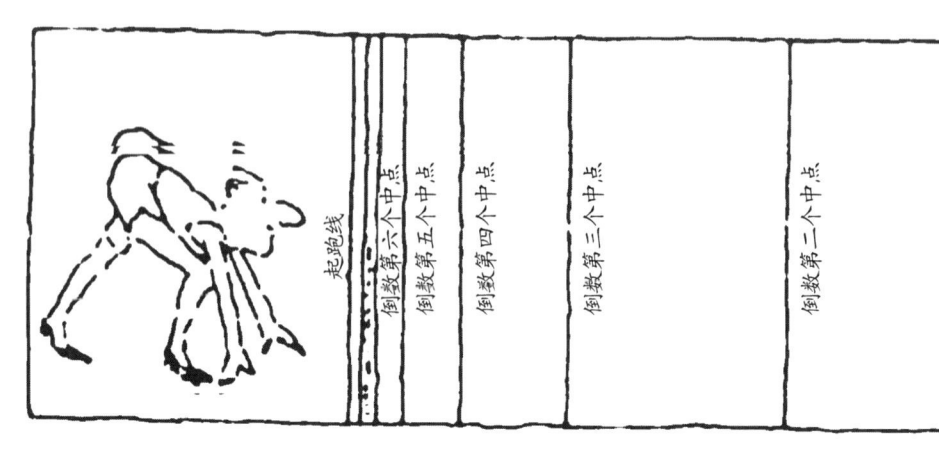

图1-1 芝诺的赛跑比赛：赛跑者永远也无法起跑

跑者确实能够起跑，也会抵达终点，芝诺当然也知道这一点。也因此，问题依然存在："如何解释这一点呢？"解释之前，我们还是先让芝诺讲一讲他的第二个悖论吧。

芝诺的第二个悖论

"阿喀琉斯（译者注：一说是《荷马史诗》中的英雄，另一说则为古希腊奥运会的长跑冠军）永远也跑不过一只乌龟，"芝诺声明，"即使世界上最慢的乌龟也能一直跑在阿喀琉斯之前，跑得远比它快的阿喀琉斯永远也无法超过它。因为超过它之前，他必须先抵达它刚刚跑过的位置，正如我第一个悖论所阐明的，'乌龟刚刚跑过的位置'有无限多个，阿喀琉斯必须先抵达这一系列的位置才能够超过乌龟，只要他和乌龟之间还有一定的距离，总会有一个'乌龟刚刚跑过的位置'等着阿喀琉斯……"

你是否看到，芝诺的第二个悖论和第一个极其相似？这次不是赛跑者跑过一段距离，而是阿喀琉斯追赶乌龟，每次他与乌龟之间都有一段距离——不断变化的距离——等着他穿越。所以说，阿喀琉斯可真是面临着艰巨的任务,因为无论他与乌龟之间的距离多么小,它也照样有无限多个中点。

芝诺的第三个悖论则不同,它直接挑战我们对于"运动即一系列静止瞬间的总和"的构想。聆听芝诺讲述他的第三个悖论时,你可以想象自己正在看电影,它由一系列飞箭的画面组成。

芝诺的第三个悖论

"这支箭不可能飞行。因为,如果一个物体总处于同一个状态的话,它要么一直在运动,要么就是一直静止的,这支箭显然是一直处于同一个状态。现在,再看一看这支沿着其飞行轨迹运动的箭,很明显,在任何时刻,这支箭都处于某一既定位置。而如果它处于那一位置,那它就一定是静止的,也就是说,在这一时刻这支箭一定是静止的。接下来,因为这一时刻可以是整个飞行过程中的任意时刻,那么就是说,这支箭在任何时刻都是不动的。因此,这支箭一直是静止的,不可能飞行。"

或许你很想对芝诺说:"一个占据某一既定位置的物体完全可以是正在运动的,不见得非是静止的"。然而,不要忘了,芝诺所强调的前

图1-2 芝诺之箭：借由量子飞跃从一帧画面进入另一帧

提条件是：一个物体总处于同一个状态，这意味着，它必须固守其状态，不能发生改变。也就是说，如果一个物体处于某一位置的话，它就必须永远待在那里。电影制作者们根据芝诺对连贯性的想法制作动画片，他们先制作一个个静止的画面，然后在编制整部电影时尽量消除一切颤动或不一致性。他们肯定同意，电影里每帧画面中的物体确实是静止的。

因此，芝诺在问我们：如何才能从一个静止画面进入另一个？一支箭怎么会出现在画面中不同的位置？我们能够从动画制作人那里得到这个问题的答案，他们趁人不注意的时候，改变设置，从而创造出一个运动的魔术幻相。芝诺好奇的是，自然——或者说神——又是如何进行她或他的魔术表演的。

亚里士多德感觉到芝诺那些想法的重要性，与此同时，他也觉得自己能够解答芝诺关于运动的悖论。他给出的答案就是：连续性，或者更准确地说，连续运动的整体性以及对分析的不信任。

亚里士多德试图解决芝诺的悖论

尽管亚里士多德试图瓦解芝诺的悖论，他却承认这些悖论的重要

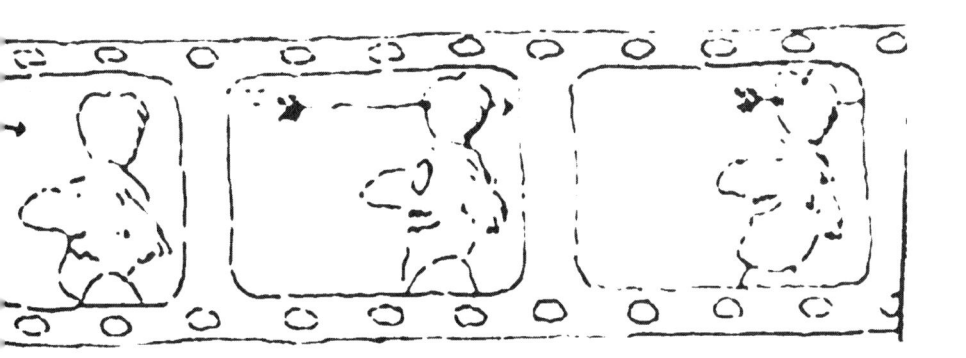

性。他将芝诺悖论以及自己对它们的解答写在他的著作《物理学》中，这本书成书于芝诺去世将近一百年之后。我敢肯定，如果那时芝诺还活着的话，他们之间一定会有一场场生动精彩的辩论。事实上，这两位思想家之间的辩论使我想起了后来波恩与爱因斯坦之间的辩论。在后面的一章中，我们将能"听到"他们之间的讨论。他们讨论的话题也很相似：自然是否具有连续性？

亚里士多德指出，如果我们了解对于芝诺悖论可以有两种不同的理解方式，就能够解答他的悖论，其关键在于空间与时间——物体从一个地方移动到另一个地方时所占据的空间与时间——的无限性。

"空间或时间的无限性有两个不同的含义，"亚里士多德解释说，"就看我们是将它们分开，还是将它们加在一起。如果我们将一段段空间或时间加在一起，并想'无限地'加下去的话，便会很快'用完'这些空间或时间；然而，我们却可以将一段'有限'的空间或时间无限地细分下去。"

"因此，"他继续说，"一位赛跑者能够毫不费力地跑到终点，他跑过的距离是有限的，不过却能将其无限地分成更小的距离，直至无穷。这也同样适用于他跑完全程所用的时间，这段时间也是有限的，但是能够被无限地分成更小的时间间隔。所以说，运动是存在的，因为赛跑者无需用无限的时间来跑过一段距离，他所用的时间以及所跑过的距

第一章 被动观察

纪年表1

	公元前500~公元前400年	公元前400~公元前300年	公元前300~公元前200年	公元前200~公元前100年
历史事件	波希战争	斯巴达打败雅典	马其顿王国崛起	布匿战争
	伯罗奔尼撒战争			中国秦朝
政权	薛西斯	埃及托勒密一世	汉尼拔	
	伯里克利	菲利普二世		
		亚历山大		
哲学与科学	孔子	孟子	荀子	
	阿那克萨戈拉	伊壁鸠鲁	阿基米德	
	埃利亚的芝诺	基提翁的芝诺	埃拉托斯特尼	
	埃利亚的帕尔米尼底斯	欧几里得		
	普罗泰戈拉	第欧根尼		
	德谟克里特斯			
	苏格拉底			
	柏拉图			
文学	埃斯库罗斯	德摩斯梯尼	普劳图斯	
	品达	庄子		
	索福克勒斯			
	希罗多德			
	欧里庇得斯			
	修昔底德			
	阿里斯托芬			
	色诺芬			
艺术	菲迪亚斯	斯科帕斯		
	波利诺塔斯	利西普斯		
	波利克里托斯	普拉克西特利斯		
	宙克西斯	阿佩利斯		
	提谟修斯	亚里士多塞诺斯		

离都是有限的,即使它们能够被无限地分下去。

"同理,如果我们用同样的方式去看待阿喀琉斯和乌龟,就会看到跑得比较快的阿喀琉斯将会超过乌龟,他们之间的距离是有限的,因此,阿喀琉斯会在有限的时间内赶上乌龟。至此,我们就解答了芝诺的前两个悖论。

"至于芝诺的第三个悖论,箭当然会飞。理解这一点也很容易,多加入一些静止画面就可以了,就像高速摄影那样。任何两帧之间的时间间隔能够被无限地分下去,分下去的结果便是,这些时间间隔是如此的短暂,我们甚至可以将其看做是一个完美静止的时间点。如果每个时间点都对应着一个静止画面,我们就会获得一系列连续的画面,表明这支箭是在连续地运动。"

尽管我将亚里士多德的用词稍微时尚化了一些,我敢肯定,如果他依然在世的话,他不会介意的。他的论证颇具说服力,然而,所有这些论点都以一个巧妙的假定作为出发点:"一分再分,直至无穷"是可能的。当然,我们也同意他的观点,"一直加下去,直至无穷"是不可能的。

不过,等一等!为了能够看到箭头如一系列连续的电影画面那样运动,画面播放速度就应该远大于现代电影的播放速度——每秒钟24帧,亦即,每秒钟都要有无限多帧流过我们的眼帘。也就是说,将运动无限地分下去,与将运动无限地加起来,实在是没有什么不同。

这一细微之处逃过了亚里士多德——以及两千年多年来他的追随者们——的眼睛。如果假定箭的运动是连续的,那么想象或者说认为"连续性是由无限多个静止画面构成的"也是自然而然的事,尽管我们绝不会真的去用无限多个静止画面来制作这个飞箭的动画。我们只是相信:从原则上讲,这是可能的。

1926年,这一梦想被彻底地粉碎了。粉碎这一梦想的是年轻的物理学家沃纳·海森堡,他证实了芝诺是正确的,并因此获得了诺贝尔物理学奖。海森堡的不确定性原理(人们也常常将其称为测不准原理)确认了芝诺的观点——"一个物体不可能在占据某一既定位置的同时又在运动",他发现,我们所进行的观察并不允许我们无限地去分析运动,迟早我们的观测会引起不连续性,无论我们观察的是什么。这一不连续性正是20世纪新物理学的基础。

在批驳芝诺理论的过程中,亚里士多德再次肯定了那个早已根深蒂固的观念:从原则上讲,无论我们如何将时间与空间无限地分下去,被动性观察都能够无限地继续下去。因此,连续性与被动性观察是手拉手的一对好伙伴,寻找不连续性运动的静止画面是毫无意义的,你也根本找不到它们,运动是整体性的,是一个连续的融合体,它是完整不可分割的。

回顾:被动性的结束

两千年来,亚里士多德的思想一直影响着西方世界。让一个正在运动的物体停下来,然后假定它的运动其实是一系列连在一起的"停顿",这种分析运动的方法虽然在实际操作中不能算是好的物理方法,但作为思想层面上的练习还是完全可以接受的。每次人类介入,都是对自然运动的干扰,不过将运动理解为一系列连在一起的停顿倒也没有什么害处。

亚里士多德相信自然的运动,人类的介入导致了不连续性,或者说不自然的运动。此外,对于亚里士多德而言,这些运动——不自然的运动——也不符合"神的方式"。举例来说,亚里士多德设想了"力"这个概念。一匹马拉着一辆沉重的车,这是不自然的运动,因此,这匹马必须竭力向前拉车,也因此这一运动既不流畅又不平稳。这匹马必须要施出一个叫做力的东西才能拉动车,也必须不断地施出这个叫做力的东西才能维持车辆的前行,只要它一停止拉车,就停止了施力,后果则是,车回到其自然的位置——静静地停在路上。

亚里士多德似乎并未加入"万物皆一"与"万物皆在变"的哲学辩论。尽管如此，他确实认为心智、精神以及灵魂比这个物质世界更重要一些。很有可能，亚里士多德所提出的第五元素——以太——与他埃利亚的祖先们常提到的原质是同一件事物，原质是构成一切事物的基本要素，或许亚里士多德正是在原质的振动中看到了运动的源头，至少，他曾经对此深感好奇。"箭已离弓，怎么还能继续飞行？"他问。在某种程度上，人类一直在模仿自然运动的完美。

其实这些想法早在几千年前便已出现。那时候的科学家们尚属被动，不会轻易地伸出手去触摸，或者做些小实验以验证自己的想法是否成立。后来，科学家们不再简单地接受运动的自然性，他们想要通过实验——这些实验将运动分割成不同的部分——来亲自观察，并从中学到一些知识。不过，他们最终学到的知识并无法帮助他们解答运动的悖论，他们会发现，芝诺和亚里士多德都是对的。在未被观察的情况下，运动是连续、顺畅的；而在被观察的情况下，运动则是不连续的，无论你何时观察它都是如此。

直到20世纪人们才发现了这一点。在此之前，我们则带着"从原则上说，我们的观测不具干扰性"的假设去分析运动。这一科学发展史上的新时期可以被看做是"主动观察者的时代"，这期间，我们不仅取得了卓越的成就，也带来了一些尚待解决的关于运动的迷思。

第二章　主动观察

> 欢迎，欢迎来到
> 机械世界。
> 没关系，孩子，
> 我们知道你曾在何处。
>
> ——平克·弗洛伊德

随着主动观察的到来，不可见的风变得可见，你可以将它们看做是原子——它的直径只有十亿分之一厘米——雹暴。如果将运动看做是这些微小"冰雹"之运动的总和，我们就可以，或者说从原则上讲，就可以分析一切运动。新的质询精神出现了，它预示了机械时代——或者说理性时代——的到来，它将导致力学——或者说运动科学——的诞生。量子力学的出现是因为人类对"伸出手去触摸"的渴望。

16世纪后半叶，比亚里士多德将近晚了2000年，人类终于战胜了对主动分析的恐惧，被动性观察从此告终。主动观察者们带着满腔的热情去探索，去将事物拆解开来。

人们就这样自由地探寻了400多年。最初是西欧一小批富于献身精神的科学家兼分析家各自独立地工作，比如哥白尼、开普勒、布鲁诺、伽利略和笛卡尔。后来，牛顿将他们誉为为其思想奠定了坚实基础的人，他说："如果说我比他人看得更远一些，那是因为我站在巨人的肩膀上。"牛顿看得确实很远，紧随其后的便是"确定性的黄金时代"。

对"机械宇宙"的新信念诞生了。迈克尔·法拉第发现了如何将电转换成磁。詹姆斯·克拉克·麦克斯韦创建了光的力学模型，表明光其实是电磁波的一种形式。

他们是新一代的科学家兼分析家，他们的目标是将一切事物都拆解开来，分析一切，保持严谨挑剔的态度，冷酷无情地运用逻辑的工具。冷酷、孤僻的科学家形象就在此时产生。遗憾的是，此类科学家如今依然比比皆是。

在一些典型的老电影里，你会看到目光狂热、头发凌乱、身穿白大褂的科学家忙着拿他最新的怪物做实验，其实这就是理性时代遗留下来

图2-1 欢迎来到机械世界

的虚构形象。科学家们忙着建造能够拆解机器的机器。人造机器被设计出来，以观察大自然所造的机器。人们不再甘于静静地坐在那里思考自然，科学成了一项要求严谨实验以及实际动手能力的活动，人们毫无止境地努力寻找更小的东西，越小越好，没有极限。新一代的科学家兼分析家相信，他们能够用数学分析来描述一切事物，甚至他们所能发现的最小的事物。

这种方法对于古希腊人来说，可以说是近乎异端思想。数学分析——和进行实际操作的实验分析——是不会被信任的。不过，后来的科学家们渐渐接受了运动是从一个静止点到另一个静止点的集合的观点。牛顿和莱布尼茨甚至创建了连续数学——我们称之为微积分，连续数学被用来描述运动时就成了牛顿运动定律。无穷无尽的探索者们踏入物理小人国，他们总能将其中的任何一条线解剖，分解成无限个点，一个个连在一起的点。

古希腊人眼中的"整体"大于部分之和。不过，这一观点不再得到承认。机械时代中，人们眼中的"整体"正好等于部分之和，不多不少，不差分毫。这一点对于机械描述来说，是必不可少的。环环相扣，没有任何遗失的环节，而且凡是能够测量的，都是可以解释说明的。守恒定律从此诞生，质量或物质都是守恒的。在将速度的大小和方向都纳入考虑的情况下，动量——与物体的质量和速度相关的物理量——也是守恒的。能量是守恒的，任何事物就是它所是的样子，不多也不少。

随着科学家们对"部分"的认真研究，物理学开始变得简单易懂。通过将这些"组成部分"串在一起，他们发现，他们能够理解任何复杂的运动。只有透过研究树，他们才能够看到森林。归根结底，橡子只不过是橡子，从中生出的橡树完全依循运动定律成长，即使我们根本不知道如何将各种运动定律应用在橡树的成长上。

牛顿运动定律成为描述宇宙的至上定律。不过，有一个假定被小心地掩藏其中：观察者不会干扰被观察者，而且他所观察的是确实存在的事物。物质世界就像巨型的钟表装置，你可以随意地拆卸它，再把它重新装好，它依然会运转如常。而且，牛顿定律还预示了一种奇怪的对称，无论指针向前还是向后走，钟表都能同样完美地运转。在某一既定时刻来看，未来是完全确定的，完全可以运用牛顿定律所提供的连续数学模型来预测未来。

此外，知道了"现在"，就能够重现过去。不过这一重现过去的过程，并不是以"后知之明"或频频出错的人类记忆为基础，而是依循牛顿定律中的"时间对称性"。"过去"不间断地与"现在"连在一起，"未来"也同样不间断地与"现在"连在一起，因此，一切都是决定好的了。19世纪时，人类从理性机械时代进入了确定性时代。

19世纪末，一个崭新又古老的观点开始浮现出来，它始于两个谜。第一个谜：在对光进行分析描述时，人们发现似乎有什么地方不对劲：光无需介质便可以传播。第二个谜则是发光物体——比如灯丝——所发之光的色相，人们根本无法用这一物体的机械运动或振动来解释。

新一代物理学家发现，光和热具有他们无法理解的神秘特性。带着崭新的研究精神，量子力学开始撼动"确定性时代"那几乎不可动摇的坚实基础。如果没有20世纪以前所有科学家的努力，就没有量子力学。

所有这一切，都始于牛顿所说的"巨人"。

牛顿的巨人：理性时代

被牛顿称为巨人的、理性时代的第一个巨子是尼古拉·哥白尼。早在16世纪，哥白尼就宣称地球不可能是宇宙的中心，这在当时可是绝对的异端思想。13世纪，圣托马斯·阿奎那将基督教神学与亚里士多德的观点结合起来，提出地球是宇宙的中心，所有的星球都环绕地球做着完美的连续运动。因此，提出地球并非宇宙中心，就是冒着死在宗教审判者手中的危险。

第二章 主动观察

1514年，哥白尼发表了他的专著，阐明地球并非静止不动的。或许，当时的他心怀恐惧，这本专著以过于哲学的风格写成，几乎没有人注意到它。

之后的20年，他还是顽强地收集了各种能够支持其理论的零散数据。1543年，就在临终前的几小时，他终于看到自己20年来的心血结晶：他的第二本著作《天体运行论》，一位信奉路德教的年轻学者——我们可以想象，他因为某种原因已对基督教神学失望——将印出的这本书带给他看。哥白尼的书在纽伦堡付印，不过很快就被天主教会禁封，直到300年后才重见天日。

乔达诺·布鲁诺是牛顿的第二个巨人，他生于1548年。意大利人布鲁诺不知怎的，听说了哥白尼的理论。对于年轻的布鲁诺来说，太阳是宇宙的中心，地球围绕太阳运转，这一理论一定是充满了神奇。"这怎么可能？"可以想象布鲁诺曾经如此问，"我每天看着天空，看着太阳绕着我所在的地球运转。如果确实是地球——还有地球上面的我——在转的话，那我怎么可能再相信其他那些我以为是'真相'的事物？"

布鲁诺展开想象的翅膀，他看到众多太阳系以及众多以太阳为中心的宇宙散布在星空。在每个太阳系中，他都看到许多行星，就像我们的地球；他想象其他行星上也有居民。而且，他将自己看到的告诉他人。1600年，他被作为异端者烧死在火刑柱上。

约翰尼斯·开普勒是牛顿的第三个巨人，他于1571年生于德国。开普勒从小就对占星学和天文学感兴趣，并且是天文学家第谷·布拉赫的工作助手。在试图证实哥白尼的太阳中心说时，他发现了关于行星运动的三大定律，这三大定律为后来的牛顿运动定律奠定了坚实的基础。牛顿后来发现万有引力定律，开普勒的三大定律更是功不可没。此外，这三大定律还为我们提供了一个对宇宙的全新看法：一个由有序运动物体组成的巨型钟表装置。

开普勒可能是运用数学模型来表述所观测现象的首创者——古希腊

纪年表2

	1350~1400年	1400~1450年	1450~1500年	1500~1550年	1550~1600年
历史事件	欧洲黑死病		玫瑰战争	西班牙战胜墨西哥	弗吉尼亚州洛亚诺克殖民地
	罗马天主教会分裂		发现美洲大陆	环球航行	西班牙舰队战败
				西班牙征服秘鲁	
政权	理查德二世	圣女贞德	梅迪契	俄国伊凡四世	英国伊丽莎白一世
			卡斯蒂利亚女王伊莎贝拉一世		法国亨利四世
			阿拉贡费迪南德二世		
			英格兰理查德三世和亨利八世		
			墨西哥蒙提祖马二世		
科学		航海家亨利王子	克里斯托弗·哥伦布	菲涅耳	第谷·布拉赫
		谷登堡		安德烈·维萨里	乔达诺·布鲁诺
				安布鲁瓦兹·巴雷	伽利略
					威廉·吉尔伯特
哲学	托马斯·肯皮斯	马丁·路德	约翰·加尔文		
	约翰·胡司	萨伏那洛拉			
		伊拉斯谟			
		马基亚弗利			
		托马斯·莫尔			
		圣依纳爵·罗耀拉			
文学	彼特拉克	弗朗索瓦·维庸	拉伯雷		莎士比亚
	杰弗里·乔叟				蒙田
	傅华萨				塞万提斯
					埃德蒙·斯宾塞
艺术		多那太罗	桑德罗·波提切利	丁托列托	
		弗莱马勒大师	列奥纳多·达·芬奇	彼得·勃鲁盖尔	
		罗希尔·范德魏登	米开朗琪罗	埃尔·格列柯	
			拉斐尔		
音乐	约翰·邓斯特布尔	纪尧姆·迪费	若斯坎·德普雷	安德烈·加布里埃利	威廉·伯德
				帕莱斯特里纳	

人从未使用过这种观察方法,他觉得数学能够为理解所观察到的现象提供基础。当然,仅仅一个数学解释绝不可能让亚里士多德满意。比如,音乐就远不止是用数学模型描述出来的振动,甚至开普勒本人也感到,他需要其他的东西来支持他的数学公式。

第四位巨人就是勒内·笛卡尔。1619年,巴伐利亚遭受到暴风雪的袭击,他将自己关在暖暖的房间里整整两个星期。他说,这两周中,他曾看到三个幻象,这些幻象使他开始怀疑他自以为知道或理解的一切事物。他拒绝接受所有的宗教教义,也撇开所有的权威人物。他只确信一件事,那就是:"我思,故我在。"他回到了古希腊人曾经的位置,回到了"存在还是改变"的争论。不过,笛卡尔将这一争论代入一个更深的层面。

他认识到自己在思考,因此他得出了"他是存在的"这一结论。换句话说,他对"我在"的觉知是他确实存在的唯一证据。或许我们会说,这一证据是非常令人信服的,有力又简单。当然,我能够想象自己死后或出生前是依然存在的,不过我无法证明这一点。笛卡尔认识到,"存在"与"变化"是互补的,没有任何事物是完全存在或者完全变化的。

"我是"意味着存在,"我想"意味着改变。因此,存在是改变的背景,而改变则是能够觉知存在的必要条件。笛卡尔为牛顿提供了坚稳的肩膀,这一肩膀是逻辑思维的基础,甚至今天,法国的学校依然遵从笛卡尔的方法来进行分析与思考。任何事情的发生都是有原因的,如果行星围绕太阳运转,那也一定是有原因的。

笛卡尔进行了一次大胆的尝试:仅仅使用"存在"和"改变"这两个元素——他称其为物质和运动——来构建一个完整的宇宙论。他甚至试着用亚里士多德的观点来解释哥白尼的宇宙观。他认为运动是相对,而不是绝对的。例如,海面上有两只未锚定的船,两船相撞该归罪于谁呢?是哪只船移向另一只?尽管两条船都会说是对方的错,笛卡尔展示给我们的是:这其实只不过是观看角度的问题,两只船只是相对于彼此运动而已。两只船上的船员都会认为,对方的船正在向自己漂来,自己的船是静止的。与此类似，地球上的人认为太阳围着地球转，而对于太阳来说，则是地球绕着太阳运转。

因为这四位科学家兼分析家——哥白尼、布鲁诺、开普勒和笛卡尔，新的运动理论诞生了。物体之所以会运动是因为一切物体都具有回归其自然位置的倾向，人们不再认为这一理论足以解释一个物体为什么运动。对运动的数学描述成为必不可少的工具，理论分析成了科学研究中最可信的工具。然而，第五位巨人则为牛顿提供了他为了解释"存在"和"运动"所需要的一切。这第五位巨人可谓是世界上第一位实验物理学家，第一位真正伸出手去触摸宇宙的人，他的名字是伽利略·伽利雷。

伽利略：第一位主动观察者

伽利略是现代科学家的优秀榜样，他所创建的观察、描述与分析的方法，至今依然被我们看做是物理学的基础。他对于量子力学最根本的贡献是：用主动观察替代被动观察。

在观察过程中，如果被观察者并未受到观察者的影响和干扰，这就是被动观察。也就是说，被动观察要求观察者的存在对于观测结果没有任何影响。例如，无论我们是否看太阳，它都会升起，我们的观察并不影响导致这一观察结果的运动，亦即我们现在认识到的地球自转。我们无法阻止地球的自转，这对我们来说是不言而喻的事。

伽利略之前，很少有人质疑亚里士多德的运动论，做实验或者说对运动进行实验分析并非一件容易的事情，人们甚至没有做过任何尝试。不过伽利略是新一代的科学家。他刚刚17岁时，就对比萨——他长大的城市——某一教堂里来回摆动的吊灯做了被动性观察。他注意到，阵阵微风穿过半开的门，溜进教堂，吊灯在微风中轻轻地晃动。单调的布道声使他感到厌倦，他开始仔细地观察吊灯，然后将手指放在手腕上，感受脉搏的跳动。他发现了一个有趣的现象：他的脉搏每跳动60下，吊灯

第二章 主动观察

的摆动次数都是一样的。

"这是怎么回事？"他不由自问道，"刮进教堂的风一直在随机地改变吊灯的摆动。有时吊灯的摆动幅度很大，有时几乎根本就不动，但是，它在相同时间内的摆动次数却是一样的。"就这样，他继续被动地观察吊灯的摆动，并发现了"第一只机械钟表"的工作原理，单摆的运动完全可以被用来测量时间。

他将这次实验铭记在心。时间为测量一切运动提供了必要的背景，不仅是观察行星运动所需要的"年"，还有观察地球上物体运动所需要的"秒"。和牛顿眼中其他巨人所不同的是，伽利略所进行的观察是脚踏实地的，他并不满足于单纯的观察，而是试图将仪器引入科学研究之中。

关于伽利略有个流传很广的故事。说是伽利略站在审讯他的人面前，恳请他们透过他的望远镜看一看月球上的环形山，那些人坚决地拒绝了。他们不信任仪器，认为借助仪器所看到的画面是不真实的，透过望远镜看月球简直就是浪费他们的时间。"我们所看到的画面是望远镜自造的，并不客观存在，也无法独立于望远镜而存在。"他们如是说。伽利略向他们描述了月球表面是什么样子，后来，终于有一位审讯者愿意用望远镜看一看，但他根本没有看到伽利略所描述的一切。"环形山只是在你脑中！"这位审讯者大叫。伽利略坚持道："不对，他们确实就在那里，在月球上，你怎么可能看不到？"

还有一个故事，伽利略在梅迪奇家——中世纪意大利有权有势的家族——用倾斜的木板支起一个斜面，然后让不同的物体滚下斜面。他想出这个实验是为了证明物体滚下斜面时是会加速的，而不是亚里士多德所预测的那样会保持匀速运动。更令人吃惊的是，滚下斜面的所有物体，无论它们是轻是重，都同时抵达木板末端。这和亚里士多德的预测截然不同，他声称较重的物体速度较快，将比较轻的物体更先抵达斜面底端。

梅迪奇家族的人对此并不以为然。确实，他们本就怀疑伽利略只不过是在表演魔术而已，除此以外实在没有什么新鲜的。"伽利略，我们

纪年表3

	1500~1550年	1550~1600年	1600~1650年	1650~1700年
历史事件	宗教改革开始	法国宗教战争	西班牙无敌舰队失败	清教徒革命
	西班牙战胜墨西哥		环球剧场开业	菲利普国王战争
	环球航行		建立詹姆斯敦殖民地	
	西班牙征服秘鲁		德国三十年战争	
			"五月花"号起航	
政权	英格兰亨利八世	伊凡四世	克伦威尔	法国路易九世
		英格兰伊丽莎白		
		乌尔班八世		
		第一代黎塞留公爵		
科学	哥白尼	弗朗西斯·培根	勒内·笛卡尔	
	让·费内尔	开普勒	布莱士·帕斯卡	
	安德烈·维萨里	威廉·哈维	罗伯特·波义耳	
	安布鲁瓦兹·巴雷	第谷·布拉赫	克里斯蒂安·惠更斯	
		乔达诺·布鲁诺		
哲学	马基亚弗利	托马斯·霍布斯	斯宾诺莎	
	伊拉斯谟		约翰·洛克	
	马丁·路德			
	圣依纳爵·罗耀拉			
	约翰·加尔文			
文学	拉拍雷	塞万提斯	本·琼森	
	蒙田	埃德蒙·斯宾塞	约翰·弥尔顿	
		威廉·莎士比亚	莫里哀	
			让·拉辛	
艺术	米开朗琪罗	鲁本斯	贝尔尼尼	
	提香		委拉斯开兹	
	彼得·勃鲁盖尔		伦勃朗	
	埃尔·格列柯			
音乐	帕莱斯特里纳	乔万尼·加布里埃利		亨利·普塞尔
	奥兰多·迪·拉索	蒙特威尔第		

第二章 主动观察

怎么可能相信你变的戏法呢？很明显，你在骗我们。因为，你展示给我们看的，没有一处符合阿奎那和亚里士多德的观点。不要把我们当成傻瓜！我们可也是卓越的哲学家和观察者，绝不会将这种低级的游戏和上帝所创造的真正运动等同起来。我们不应鼓励任何观察者进行此类的活动！你，伽利略，是制造这一现象的人，你应对此负责，而不是自然规律！"这些话语在伽利略的耳畔回荡，久久不息。

这两个故事中，伽利略都在试图将一条崭新的科学道路展示给怀疑论者，亦即实证之路，就是说观察者积极地参与被观察者的世界。尽管如此，在第一个故事中，那个心存怀疑的审讯者无法透过望远镜看到月亮上的环形山。他们不相信仪器，他们的心智也无法接受"伽利略的发明能够使他们看到仅凭肉眼无法看到的东西"这一事实，因为这是理智无法解释的。第二个故事中，伽利略对于展示自然规律的尝试却获得了无情的嘲笑，因为他的展示方法过于简单，过于显而易见。伽利略粗暴的介入竟然干涉了自然的连续运动，这使贬低他的人倍感恼怒。

不过伽利略心中明白，此类实验只是近似地展示了运动的真正本质，他同意他的实验确实比较粗糙，不过，他并不认为自己干扰了自然。他认为，他是通过移除干扰人们看到真相的因素来展示运动的自然规律，借助严谨的思考，他能够刺穿所有蒙蔽我们观测目光的外在因素。在伽利略的心中，"分析"意味着简化并发现神之法则。借由伸出双手碰触宇宙，伽利略开创了现代实验物理的先例。

现在，我们离实现现代物理还有咫尺之遥，唯一需要的是：有人开创现代理论物理的先例。这个人就是艾萨克·牛顿。

力学的连续性

艾萨克·牛顿将被动性观察和主动性观察这两个不同的观念综合在一起。事实上，如果我们以他的眼光看问题，二者之间的任何差别都会消失。对于牛顿来说，主动观察只不过是被动观察的延伸而已。仪器只是在检测，它并未改变它正在探索的既存世界。主动性观察以及诸如此类的想法，使17世纪末18世纪初的科学家们能够看到那个浩瀚、连续的真理海洋。牛顿如是说：

> 我不知世人如何看我，不过在我自己眼中，我只不过是一个在海边玩耍的小男孩，走来走去，时不时为能够找到比寻常更为美丽的卵石或贝壳而开心不已，却未看到面前那浩瀚的真理海洋。

至于牛顿是否使用过望远镜或者认真揣摩过伽利略的众多实验，这并不重要。重要的是，好的数学工具及实验工具能够帮助科学家们更清楚地了解与掌握宇宙。望远镜、显微镜以及真空泵都在帮我们开启一个个崭新的世界；解析几何以及微积分则是供我们玩耍的全新数学工具。数学与实验方法杂交的成果便是：意义重大的洞见。科学家们不仅能够探索宇宙，还能够仔细地观察所能观察到的最小的客体，所有的科研仪器其实只是人类感官的延伸而已。依据笛卡尔的哲学论述，心智有别于物质，因此，观察者也有别于被观察者。这个物质世界上的任何东西都是牛顿那善于分析的大脑的评判对象。

在前人研究成果的基础上，牛顿写下了著名的《原理》（全名为《自然哲学的数学原理》）。在这本书中，他将缜密的逻辑与对运动及宇宙若干世纪的思考综合在一起。其中连续性的观念对他的影响尤其重要，因为这一概念，他创建了三大运动定律。事实上，如果没有连续性这一概念，牛顿的三大定律便是无稽之谈。甚至无限性概念——芝诺和亚里士多德用它来解释时空的连续性——都没有成为牛顿的绊脚石。为了理解牛顿脑中的想法，我们可以做一个想象的游戏，想象他正在与自己的学生对话，一位学生问："艾萨克老师，时间是什么？"

与艾萨克·牛顿的对话

可以想象牛顿会如此回答:"时间是什么?这简直是太简单了。时间是绝对、真实和精确的,它连续地流动,不受其他任何事物的影响。时间的片段,我们称其为时段,则是相对、显见、可感知、可测量的。我们可以通过运动来测量这些时间的片段,根据运动量来为这些时段命名,比如地球环绕太阳运行一周,我们称之为一年;月亮绕地球运行一周,则称为一个月。"

"艾萨克老师,那空间又是什么呢?"另一位学生问。牛顿回答说:"空间是静止不动的,也是无限的,它永恒不变,永远保持原样。不过,'长度'则又是另外一回事了,它是可感知的,也是相对的。我们通过比较来测量长度,比如一个人和大象差不多一样高。"

"那物体如何运动呢?"一位学生迫不及待地问。牛顿答:"物体之所以运动是因为这是它们唯一能做的事。运动是一种不言而喻的自然状态,只有当运动被干扰时,我们才该问这到底是怎么回事。宇宙中的一切都在运动,运动在伟大的时间之流中。宇宙中所有的个体,如果它们能够不受外界影响,能够自由自在地存在,那么它们都将以最初始的状态运动,亘古不变,无论它们最初处于什么样的运动状态,现在也依然处于同样的状态。任何事物都以连续的方式流动,不过它们之间也确实会相互影响,每一次相互作用都会导致运动改变方向或加速。行星之所以绕太阳旋转,是因为太阳对它们的吸引力,我称其为万有引力。小球从高楼落下,也是同样的原因,它的运动受万有引力的影响,在下落过程中,小球加速,其动量不断增加。我的运动定律以及万有引力理论已经解释了这一切。"

"可是,艾萨克老师,"我们这些年轻的学生又问,"您的意思是外力使运动变得不连续?"牛顿摇摇头:"不是,完全不是,运动依然是连续的。虽然外力改变了运动,但是这一改变却是连续的。在每一个瞬间,小球的速度都提高一点点;每一瞬间,行星的路径都偏离其运行直线一点点,经过许多个瞬间后,你会看到,行星沿着圆形轨道运转,而不是沿着直线运动。这样,我们就能知道外力如何作用于它上面。"

"能用这种方法解释所有的运动吗?"学生好奇地问。"当然可以,"牛顿铿锵有力地答道,"我的数学定律已经说明了这一点,而且不仅仅如此。我的第三定律指出:作用力与反作用力大小相等,方向相反,就是说,如果一个物体使你改变运动方向或者加速,你也对它做了同样的事。"

"等一下!"学生们不解地大声说,"当然,地球改变了月球的运行轨道。可是,月球也改变了地球的运行轨道?真是这样吗?"牛顿点点头:"是的,确实如此。不过,月球质量较小,偏离原有轨道的程度自然比较大。而地球的质量是月球的6倍还多(译者注:原文为6倍,实际上地球质量是月球的81倍),所以偏离程度相对来说也小一些。"

可以想象,牛顿和学生之间的问答就这样一直持续到深夜,他知道每个问题的答案,而所有这些答案都建基于数学分析,他的定律及洞见使这个世界显得更加简单,与此同时,也更加复杂。

一方面,牛顿的理论使我们能够分析一切运动,世界仿佛因此而变得更加简单。如果一个物体突然改变了方向,我们就能立刻找出原因,而且还能绝对肯定地推断出这个物体将移向何方。牛顿的数学模型以一个假设为前提,那就是一切运动都是连续的且能被分割成各个分段来进行描述,此外,我们能够将每一段运动过程单独拿出来进行分析,而且每一段运动都遵循某一明确的运动规律。

另一方面,这个世界仿佛又变得更加复杂,因为我们能够将它分成那么多的组成部分,这些部分合在一起组成整个宇宙,不会有任何遗漏。按照牛顿定律来看待运动意味着,一定有某一外在因素在影响、改变事物。宇宙是——也必须是——其组成部分的总和。宇宙是一台机器!

纪年表4

	1600~1650年	1650~1700年	1700~1750年
历史事件	建立詹姆斯敦殖民地	光荣革命	乌得勒支和平条约
	建立普利茅斯殖民地		
	清教徒革命		
政权	第一代黎塞留公爵	俄国彼得大帝	
	奥利弗·克伦威尔		
	让·科尔伯特		
	法国路易九世		
科学	勒内·笛卡尔	埃德蒙·哈雷	乔治·柏克莱
	威廉·哈维	约翰·伯努利	
	开普勒	戈特弗里德·莱布尼茨	
	布莱士·帕斯卡		
	罗伯特·波义耳		
	克里斯蒂安·惠更斯		
	伽利略		
哲学	托马斯·霍布斯		孟德斯鸠
	斯宾诺莎		大卫·休谟
	约翰·洛克		
文学	本·琼森	乔纳森·斯威夫特	伏尔泰
	约翰·弥尔顿	亚历山大·蒲伯	亨利·菲尔丁
	莫里哀	丹尼尔·笛福	
艺术	鲁本斯	让·安东尼·华多	
	委拉斯开兹	威廉·贺加斯	
	贝尔尼尼	弗朗索瓦·布歇	
	伦勃朗		
	克里斯多佛·雷恩		
音乐	卢利	亨利·普塞尔	
		维瓦尔第	
		约翰·塞巴斯蒂安·巴赫	
		乔治·弗里德里希·韩德尔	

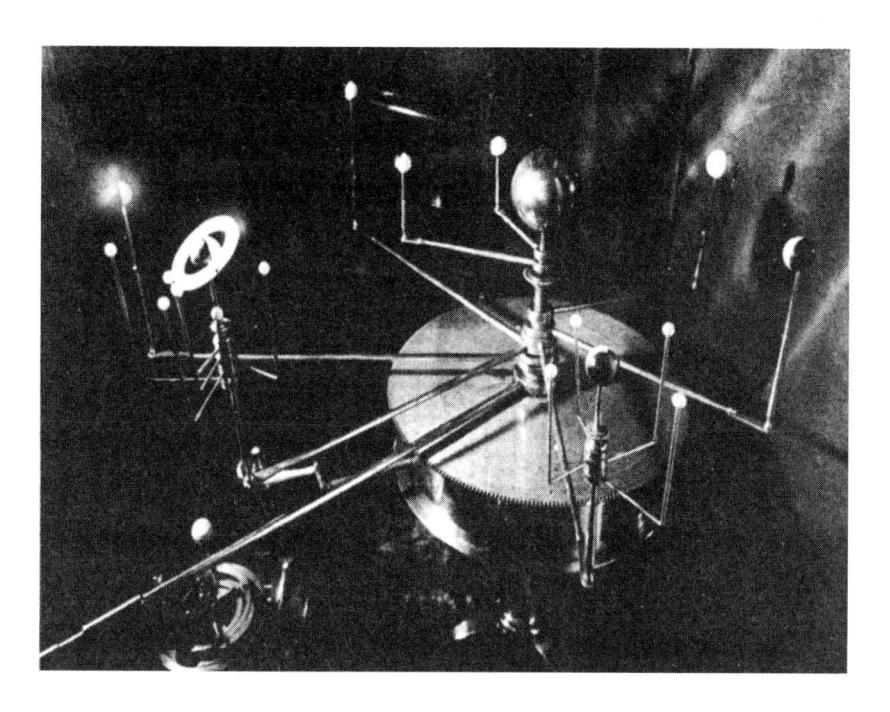

图2-2　牛顿的机器

任何影响其他事物的事物都是这台巨型机器的一个组成部分。而且在这一时期,所有的机器都是按照牛顿对这个世界的分析与理解建造的。机械哲学诞生了,人们开始将物理世界与非物理世界都看做是机械性的,有果必有因,有因必有果。也因此,未来即是过去的果,改变世界几乎是不可能的。甚至,在某种程度上,"牛顿的机器"也被用来解释我们的思想。很久很久以前,"上帝之手"使这一机器进入运转状态,没有人能够使它停下来。一切后果、观念及想法的出现都是因为很久很久以前上帝这随手的一推。换言之,根本不存在任何所谓的机会,一切的一切都是上帝早已预定好的。这一观点后来被称为宿命论。

宿命论梦魇

现在让我们来一起想象一下，公元1800年左右，一个古香古色的法式画室中，一群头戴白色长假发，身穿白色长袜的画室一族正坐在那里夸夸其谈。一位男管家——或者这个圈子里的人对他的任何称呼都可以——进门禀报说著名的哲学家兼科学家拉普拉斯侯爵到了。热烈的讨论声立刻减弱不少，转为窃窃私语。侯爵走了进来，人们静静地站开，像欢迎国王一样夹道欢迎他。为了能够更贴切更形象，我们还是将侯爵看做是一位电影明星好了，一排排的椅子被排成半圆形，演讲就要开始了。

皮埃尔·西蒙·拉普拉斯侯爵真是19世纪初巴黎画室一族的宠儿。他曾经针对既神秘又抽象的科学——天体力学——做过一次次富于戏剧性的精彩演讲，并因此而名声斐然。听他描述地球外世界的观众都如痴如醉，深深陷入对超距作用——牛顿称其为万有引力——的遐想之中。这种致使物体加速的外力，并非宇宙弦，人们也从未观测到它，但它却实实在在地存在，对这个世界有着重大的影响。

宇宙及其各个世界遵循着同样的运动理论，一切都是可预测的。在研究一个物体时，只要找到了作用于其上的外力，知道它的质量以及它在某一时刻的位置和速度，就可以预测它的运动轨迹。至于它到底是什么物体并不重要，无论是行星、恒星，还是滚动的鹅卵石，都是外力的受害者。

宇宙是一座巨型牛顿钟，因果关系是其运作定律，所谓的机会并不存在，一切的一切都是有原因、可解释的。让我们一起来读一读拉普拉斯的话：

> 我们应该将宇宙目前的状态看做是它过去状态的结果，以及它下一个状态的原因。假定有那么一个心智，它能够理解驱动大自然的一切外力以及组成大自然的一切生命体的相应状

态，一个有能力分析所有这些数据的心智，那么，它一定能够用同样的规律来涵括一切物体的运动，无论是宇宙中最大的物体，还是最小的原子。因此，在这个心智眼中，根本不存在什么不确定的事物，它能够纵览过去与未来。

在纯粹的宿命论者眼中，无论是一次心碎的经历还是帝国的兴衰，都是不可避免的，是某一伟大机器的运转结果。我们必须遵守物理定律，因为我们本不可能不遵守。他们所梦想的对自然的终极理解便是发现隐藏在背后的那个决定未来的"力"。一旦找到了这个力，自由意志、灵魂的得救、遭天谴，或者爱与恨，都无落脚之地，甚至连最微不足道的想法都是早就决定好的。

伦理、道德、傲慢与偏见都仅仅是笑料。你或许幻想自己是一个能够自由思想的人，不过，即使这一幻想也只不过是宇宙巨钟以某一尚待发现的方式运作的结果。我们尚许可以探索整个宇宙到底是如何运作的，尽管如此，从原则上讲，这一唯物主义哲学是宇宙的基础。

自由意志已经消失不再，这一想法被称为宿命论梦魇。这一时期中，甚至那些并未被这一"梦魇"干扰的思想家和哲学家们也感受到牛顿理论的冲击。物理学能够用屈指可数的几个原理来解释林林总总的物理现象，从行星的运行到封闭气体中微粒的运动，因此，它逐渐成为人类知识的典范。

19世纪的思想家们竞相效仿物理学的精确性、普适性以及有序性，他们试图找到能够解释历史和人类行为的一般规律。比如卡尔·马克思提出"物质是一切变化的主体，一切变化都是事物中对立力量之间持续冲突的产物"的观点。当一个力战胜另一个力时，就导致了改变。因此，对于马克思而言，革命运动永远不可能是统治阶级与工人阶级之间共同合作的冒险之旅，因为其中一个阶级的力量终将战胜另一阶级的对立力量。这一理论——它被称为辩证唯物主义——听起来与牛顿第二定律非常像，牛顿第二定律说的是：力是运动发生改变的原因，物质则是受外力作用的受力体。

甚至克拉伦斯·达罗，在1925年的斯科普斯案（又称猴子审判）中为进化论辩护的著名律师，也深受牛顿的影响。在他辩护的另一个著名案件——李奥波德与勒伯谋杀案——中，达罗在为当事人辩护时，指出他们是遗传与周遭环境的受害者。尽管李奥波德和勒伯罪行昭彰，达罗为这两个杀人凶手辩护时，强调说他们并无力选择自己该如何行事，因为他们的行为是必然之举，一系列原因最终会不可避免地导致他们受害者的死亡；甚至两个凶手的成长环境也被说成是某一"原因长链"的必然产物。因此，社会怎么能够为了一件这两个人完全无法自主的事来惩罚他们呢？他们与被他们杀害的那个人一样，也同样是这一罪行的受害者，在牛顿巨钟面前，大家都是无能为力的。

牛顿机械观对拉普拉斯、马克思和达罗都有着深重的影响，这是完全可以理解的。想象整体就是局部的组合，只要理解了局部就最终会理解整体，这个方法比其他任何理解世界的方法都容易得多。还能有什么其他方法呢？既然心智本身归根结底都只不过是一台异常复杂的机械装置，又为什么要有其他方法呢？心智本就是物质，它还能是什么？是的，心智一定是其物质基础运作的结果，西格蒙德·弗洛伊德如此认为。

弗洛伊德认为某些梦境与原始思想、神话及仪式有关，他声称这些梦境其实是"古老的残迹"——亘古以来残留在大脑中的精神元素。潜意识是垃圾堆，怪不得我们有罪恶感，因为我们不仅仅是为了自己的所作所为而感到罪恶，还为几千年前曾经强奸、谋杀或抢劫的祖先承受着罪恶感。

休·埃利奥特是经典物理向量子物理过渡时期《英国年刊》的编辑，机械论学说和唯物主义的坚决拥护者。他提出了三个假说：一、尽管宇宙看起来仿佛杂乱无序，宇宙法则却是恒常不变的，科学对宇宙的缜密观察表明我们必须遵循这些宇宙法则；二、目的论是一个神话，因为宇宙并无"目标"一说，一切事件都是运动中的物体相互作用的结果；三、一切存在形式都具有某种可感知的物质特性及品质，埃利奥特说：

> 对于一个普通的观察者而言，所谓的"意识活动"与物质实体之间的距离是最遥远不过的。我承认，我们能够迅速无疑地觉察到某一意识活动，或者说心理过程，但是，认为它完全不同于一个物理过程——亦即物质及能量的普通转换，这我绝对不能苟同。

引用埃利奥特的话对我来说是一种享受，因为几乎没有人像他一样对物质宇宙的整体性如此的充满信心。他继续说道："根本不存在什么本质上完全不同于物质的精神实体或存有……所谓的两种基本存在，物质与精神，纯属无稽之谈。只有一种基本存在……"

如此这般，便形成了定论：我们，我们所有人，都是机器！

19世纪末，经典物理不仅仅是物质宇宙的模型，也成了人类行为的模型。机械唯物主义思潮，最初只是17世纪思想之河中的一抹涟漪，后来则发展成为汹涌的浪潮，吞没了所有的古希腊思想。物理学家研究死亡之物，医生则在活人身上寻找"钟表装置"。

漫漫旅程中，笛卡尔的"我思，故我在"已被遗忘；或者说，被颠倒过来："我在，故我思"。人们踏上了对客观实相、因与果以及隐藏在一切事物背后的机械规律的探索之旅。科学之地平线清晰明了，一览无余。

至于科学的未来，一位著名的理论学家说，未来的科学对于既有理论的贡献，只不过是在小数点后再增加几位有效数字而已（阿尔伯特·米切尔森于1894年如是说，当时他以为自己在引用开尔文伯爵的话，后来他表示说，对自己曾经说出这样的话深感后悔。）然而，还有另外一些人，他们对物质宇宙并没有如此强烈的信任，其中之一便是开尔文伯爵。19世纪中叶他在欧洲学术界便已是一位举足轻重的权威人士，该世纪末，他说，他看到经典物理学的上空悬浮着两团乌云。这两团乌云就是光与热两个难以解释的神秘现象，没有它们的话，科学家们对光与热的力学解释也可以算是天衣无缝了。

对光与热的解释……不过似乎还有些美中不足

19世纪末，一个完整的世界观形成了。科学家们认为自己已经完全了解物质宇宙，牛顿的力学模型被用来解释一切，其中也包括亚里士多德认为"根本不能仅仅将其看做是某一整体或机器的局部"来解释的特性，因此科学家们非常渴望能够为构成物质世界的那些不可见部分找到一个合理的力学解释。有两个具体的物理学领域也确实需要科学家的解释，那就是热和光。

一个世纪以前，意大利物理学家阿马德奥·阿伏伽德罗建立了一个气体模型以描述由许多微小粒子组成的气体；罗伯特·玻意耳发现了气体定律，将气体压力与容积联系在一起；约瑟夫·路易·盖伊-吕萨克于1800年发现了温度对一定质量气体的影响，他发现在气体压力保持不变的情况下，温度升高，气体体积增大。之后，人们很快发现热其实是气体微粒快速运动的结果。就是说，热是物质的动能，仅此而已。

不过，似乎还有些美中不足。太阳的热是如何传到地球的呢？太阳与地球之间是否沿途有许多粒子？难道是这些粒子的运动传导了太阳的热？然而，人们认为太阳与地球之间的空间是真空的，那么，热就不可能仅仅是物质的运动。不知怎的，热的传播似乎无需任何介质。从这一角度看，它与另一种能量形式颇为相似：光。

19世纪前半叶，许多科学家们开始接受"热与光性质相同"的观点。牛顿认为，光由能够在真空中穿行的微粒组成，也就是说，光从太阳长途跋涉到地球。因此，光被定义为实体。热亦如此，也被认为是实体。1820年之前，科学家们一直如此认为。

然而，托马斯·杨发现了光的一个特性，大大地挑战了牛顿的"粒子说"。（他宣称，他的实验结果验证了光的波动论，不过，这并未获得科学当权派的首肯，而是遭到了奚落与敌意，因为他竟敢违背神圣不可侵犯的牛顿粒子说。英国政治家兼业余科学家在1803年的期刊《爱丁堡评论》中写道："托马斯·杨的论文根本称不上论文，无论在实验上还是创新上都毫无建树……没有任何价值……有些所谓的革新除了阻止科学的进展，重新唤回那些已被牛顿从庙宇中赶走的幻想幽灵外，没有任何意义，希望我们能够高声反对此类革新。"）他发现光粒子彼此之间以某种莫名的方式互相干扰。光从光源抵达某一挡板，在其上留下的条纹图案无法用光的粒子论来解释。杨氏实验我们都可以做，伸出两个手指，透过两指间隙看一个光源（不要看太阳，它太刺眼），视网膜就相当于杨氏实验中的挡板。

从两个手指间的缝隙直视某一光源，将两指慢慢地合拢在一起，就在光线即将消失之际，你会看到一系列的明暗条纹，它们被称为干涉条纹。而能够产生这些条纹的只有光波，而非粒子。明暗相间是因为光波之间的相互干涉。

导致这一干涉的原因是光振荡。振动在介质中的传播形成波。你所熟悉的、充满柔情的甜蜜声音只不过是空气分子对你耳膜连续不断的冲击；那和谐悦耳的理发店四重唱则是四个歌手所发出的频率各异的振动波之间的干涉。与此类似，光波之间也能够彼此干涉，形成一种"光之和声"——明暗条纹所形成的干涉图案。

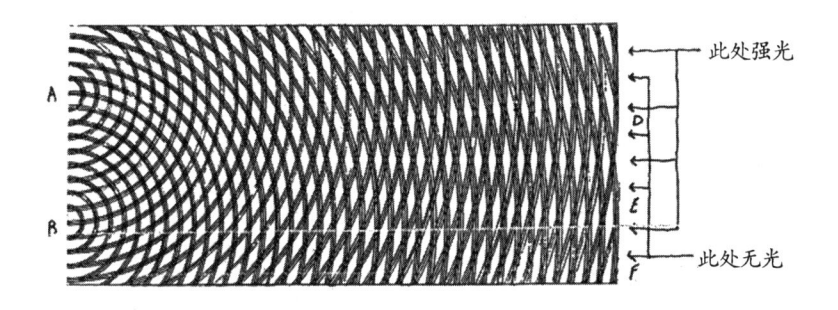

图2-3 托马斯·杨的原图，展示了光穿过狭缝A和B时产生的干涉效应。将眼置于图的左端，沿着图案向右看。位于右端的挡板上，凡是穿越狭缝A的光波与穿越狭缝B的光波互相干扰破坏的地方，都没有接收到光。

039

当一道波的波峰与另一道波的波谷相遇时，就会产生暗条纹。通常情况下，我们看不到这些干涉图案。光的波峰与波谷极其微小，不过，如果它们都得穿越一道细缝——比如你手指之间的缝隙——时，它们就会互相干扰，明暗条纹便是干扰的结果。

我们比较熟悉声波的折射。比如，一辆大卡车在盲弯处鸣笛，我们会立刻听到它。鸣笛所产生的声波在转弯处发生折射，进入我们的双耳。

自从托马斯·杨发现光具有波的特性后，热也被想象为波，它们一起穿越将太阳与地球相隔的浩瀚空间，像波一样运动。不过，这一描述也不是完美的，也有不足之处。波必须通过介质传播，它们无法在真空中自行传播。19世纪的科学家们都清楚这一点，他们发现，如果将滴答作响的时钟放在一个密闭玻璃容器中，然后逐渐将容器中的空气抽出，一旦里面的空气被全部抽出，就无法再听到时钟走动的声音。既然声波以空气为介质传播，那么，光和热一定也以某一无处不在却不可见的物质为介质传播。

科学家们将这一物质命名为以太，这名称来自于古希腊人对世界的看

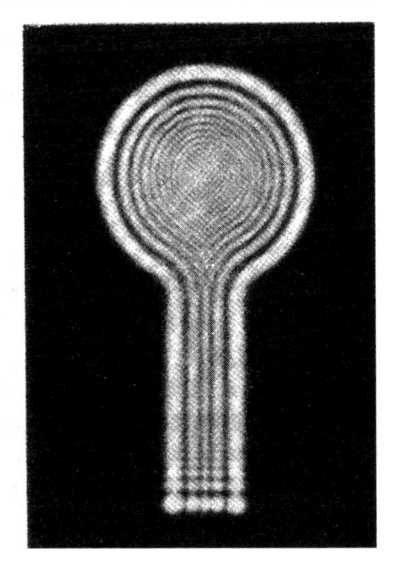

图2-4　光穿过钥匙孔时形成的干涉图案

法。以太是不可见的,它是一种极其精微的物质形式,因此尚无人觉察到它的存在。不过,却有其他迹象表明以太的存在,诸如两个仿佛毫不相干的发现。第一个发现就是:电能够转换为磁,然后再重新转换为电。

英国人迈克尔·法拉第发现电流会产生磁场,事实上,是他发明了"磁场"这个术语。此外,他还组建了一个简单的装置,是现代电磁发电机的前身。他通过在通电导线附近转动条形磁铁,展示了磁场能够"引起"电流这一现象。就是说,他发现运动的磁铁能够产生电流。这一发现——因此我们能够使电能转换为磁能,并将磁能转换为电能——本身并未验证以太理论,不过,它确实启示我们电能与磁能之间可以互相转换,交替发生。这一交替被称为电磁,为电磁波的发现奠定了基础。

1860年,电磁概念得到了科学家的承认。英国科学家詹姆斯·克拉克·麦克斯韦试着为法拉第的发现创建一个数学模型,他发现,理论上讲,电能转换为磁能,磁能再转换为电能的过程是可以重复进行的。事实上,极其快速地重复这一过程在理论上是完全可能的。由此,麦克斯韦想出了电磁振荡的主意,不过,这一振荡或振动仅仅是一个数学理论,尚是纸上谈兵。问题是:我们能够观察到电磁振荡吗?它是什么样子的?

苦思冥想之际,麦克斯韦忽然灵机一动,托马斯·杨利用实验发现的光波或许就是他借由理论发现的电磁振荡的产物!他反复地研究自己的公式,忽然发现一个令人惊异的事实,这些电磁振动方程所得出的解是:电磁波以光速传播!光波是否就是电磁振动呢?如果是的话,又是什么在振动呢?

麦克斯韦成功地展示了电磁波理论上能够以光速传播,杨则用实验表明光能够互相干涉,这都令人信服地说明光就是电磁波。而且,因为热也能够远距离传播,它自然也是电磁波。

1887年,麦克斯韦的理论终于得到了实验的证实。海因里希·赫兹成功地通过实验证明了振荡的电流会发出不可见的电磁辐射波,他发明了无线电波。此外，他还成功地显示，这些不可见的辐射波确实同可见的光波一样，会彼此干涉、出现偏折等。赫兹通过实验不仅检测到电磁波，还生成了电磁波，令人心服口服——光和热肯定是电磁波。

尽管如此，问题并未得到解决，这些波是如何从源头来到检测到它们的地方呢？换句话说，这些波以什么为介质传播？科学家们假定这一介质便是以太。不过，却从未有人检测到以太，也从未有人看到过以太。

下落不明的以太

如当初开尔文伯爵所说，第一朵乌云即将出现在牛顿经典力学那晴朗的天空中。1887年，同在俄亥俄州克利夫兰任教授的米切尔森和莫利试着测量存在于太阳与地球之间的以太。他们对以太的存在坚信不疑，杨的实验观察和麦克斯韦的理论发现都"证明"了光是波，因此，光必须借助地球与太阳之间的某一物质传播。

为了进行实验，米切尔森和莫利必须测量地球相对于固定不动的以太的速度。如果测量成功，测量结果便能够令人信服地证明以太的存在。遗憾的是，做这个实验并不那么容易，这就好像是一个鱼类王国的学校试图找到它们居于其中的水。为了找到水，鱼就得先发现水中的涟漪。这些涟漪——或者说波——从一条鱼传播到另一条鱼那里，传播速度则是固定不变的。

今天的我们能够通过观察快艇在水面上划出的弧形波纹来观察恒速的水波。这些弧形波以恒常的速度、以快艇为中心散开。然而，快艇可以提高速度，因此它可以超过它自己生成的波。再比如，如今这个高速社会的超音速飞机，其飞行速度超过音速，也就是说，它们在空气中飞行的速度超过它们自己所发出的声波。著名的声障概念指的就是，飞机的飞行速度接近声速时，飞机前方会因声波叠加而形成一道"屏障"，飞机穿越声障时，所产生的巨大声响在旁观者耳中就仿佛如爆炸一般。

与此类似，水中的鱼能够先测量它们在水中游动的速度，然后再通过观察它们相对于水波的运动速度来判断水的存在。因此，鱼可以声称水一定存在，因为它们能够观察到，当它们穿越自己在水中产生的水波时，它们的运动速度有所改变。鱼需要做的只不过是游离水波，然后再转身游向离它越来越近的水波。从鱼的角度看，当鱼游向水波时，水波移动的速度似乎比较快，而当鱼游离水波时，则显得水波的速度较慢。

米切尔森和莫利想成为以太中的鱼，他们打算测试的波当然是光波。他们认为光波速度的改变是由地球在以太中的运行速度引起的，而这一速度的变化能够证明以太——为光提供传播媒介的、精微连续的物质——的存在。

他们的实验遭到了惨痛的失败。虽然他们有能力测量因地球运动而产生的极其微小的速度变化，但是，他们却并未测量到任何速度上的不同，两位实验者沮丧不已。后来，他们被誉为光速恒定性——爱因斯坦相对论的奠基石——的早期发现者。不过，19世纪末，人们无法将失踪的以太与光的波动性完美地结合在一起，光到底是如何传播的，这在人们心中依然是一个谜。

紫外灾难

与此同时，第二朵乌云也飘入牛顿经典力学那美丽的晴空：受热物体发光。随着温度的不同，所发之光的颜色也不同。在磨砂灯泡出现之前，我们可以看到灯泡的内部，看到里面的灯丝。灯丝中有电流通过，随着电流强度的增加，灯丝开始发光，照亮周围的空间。光的颜色也会变，电流强度越大，灯丝越热；灯丝越热，颜色变化越大。问题则是：这是什么原因？

是什么导致了光的颜色的变化？所有受热物体，诸如通电的灯丝和加热后的电烙铁都会发光。而且，它们散发出的光通过玻璃棱镜时，会发生色散，散发出一组彩虹般的光芒。事实上，彩虹即是透过雨滴这一

第二章 主动观察

微小棱镜将阳光分解而形成的一组单色光。被色散开的单色光按照波长或频率大小依次排列的图案则被称为光谱。

阳光的光谱均匀、平衡，每种颜色的含量相同，因此阳光看起来仿佛是白色或无色的。一切物体，无论它们的化学成分与特性如何，如果将它们加热到同一温度的话，所发之光都具有同样的色平衡。灯丝所发之光在颜色上的改变，是因为光谱色平衡的改变，而这一色平衡则取决于发光物体的温度。

因此，如果将一个物体逐渐加热的话，它在颜色上的改变是可以预测的。冰冷的物体不会发出明显可见的光，滚烫的铁棒散发出红色的光；温度更高时，它变成橙黄色；温度继续升高，它又变成蓝色。再看一看燃烧的火柴，你会看到它的火苗有不同的颜色，火苗各个部分的温度不尽相同，蓝焰部分温度最高，你可得小心点！

通过观察不同物体在不同温度的色谱，我们发现各种颜色的含量是不同的，含量的转变会改变发光物体的颜色特征。不过，物体的温度越高，它发出的光就越白，色谱越平衡。

材料温度与其发光颜色之间的关系一定是机械性的。自从1800年盖伊–吕萨克的理论问世，人们普遍认为，温度越高，动能越大，或者说受热材料的运动速度越快。因为受热材料是由原子组成的，那么原子运动——或者说来回震荡——的速度就一定会加快。因此，人们自然而然地得出结论，受热材料所发之光的颜色取决于组成它的原子或者说微小振子的运动速度，物体所发之光的频率与它内部那些小振子的振动频率是——或者说必须是——相同的。

麦克斯韦成功地解释了光波是电磁振荡之后，科学家们开始觉得受热物体所发之光的不同颜色是由于不同的振动频率。他们认为，红色光的振动频率低于蓝色光。尽管对以太的搜寻进入了死胡同，科学家们还是觉得光与振动频率有着一定的关系。

19世纪末，人们对于物体受热发光以及所发之光的颜色已经有了相当的认识。声波领域的著名专家雷利试着以光的波动性为出发点去分析解释受热物体的颜色,根据这一出发点,相对于低频而言,一个受热发光的物体在高频下散发光能的倾向应该比较大。从经济性的角度来看,也确实如此。光波的波长与其频率之间有着直接的关系,频率越高,波长越短。波长比较短(或者说频率比较高)的光波能够更好地利用它们所传播的空间,对于某一有限的空间而言,波长较短的光波传播的途径相对来说多一些,这一几何因素影响着一切受热发光的物体,并倾向于产生波长较短(或者说频率较高)的光波。也就是说,热得发红的铁棒根本不应是红色,而应是蓝色的。不仅如此,受热发蓝光的铁棒也不应该是蓝色的,而应该发紫外光(振动频率高于紫光的不可见光),而且这散发紫外光的铁棒其实应该发出频率更高的光;如此一直类推下去,无穷匮也。换言之,

图2-5 将光波塞进箱子

任何受热铁棒所散发电磁能的频率都应高于紫外线的频率。

这一推论被称为紫外灾难，不过这一灾难只是理论性的，因为雷利也有预测说，任何一个受热物体，当它所发之光的频率超出可见光范围时，便会很快散掉其全部的能量。然而，任何一个划火柴的人都能够看到，其火苗的颜色是可见的。科学家们无法用机械、连续的光辐射理论来解释受热物体所发出的光，这是悬浮在牛顿经典力学天空中的第二朵乌云。

问：为什么经典力学中存在着紫外灾难？

答：所有的能量都进入了波长越来越短的光波之中，越来越短……

机械时代的结束

尽管有两朵乌云遮住了一部分牛顿机械论美丽的田园风光，不过人们并未遗弃这幅风景画。科学家们在这幅实相画中倾注了大量——甚至是过多——的精力，包括下面这些对物质世界——因此就是机械世界——的假想：

一、物体的运动是连续的。一切运动，无论规模大小，都具有连续性。

二、物体的运动是有因的。某一因素导致了物体的运动，因此，一切运动都是预定好的，是可以预测的。

三、一切运动都能被分析或分解成一个个组成部分。每个组成部分在宇宙这一巨型机器中都扮演着一定的角色，我们可以通过理解各个组成部分的简单运动来理解宇宙，即使某些组成部分超出了我们的知觉范围。

四、观察者只是观察，从不干涉。即使是最笨拙的观察者也没有关系，只要简单地分析一下他所碰触物体的运动就可以弥补他所犯的过失。

后来，人们逐渐证明这四个假设都是错误的，不过，历时将近50年，真相才被展示于世。光那神秘的传播方式，以及当它牵涉到受热发光物体时所表现出来的无法解释的行为，在科学界掀起了一场革命，干扰性观察取代了主动观察。

第二部分 宇宙跳跃时

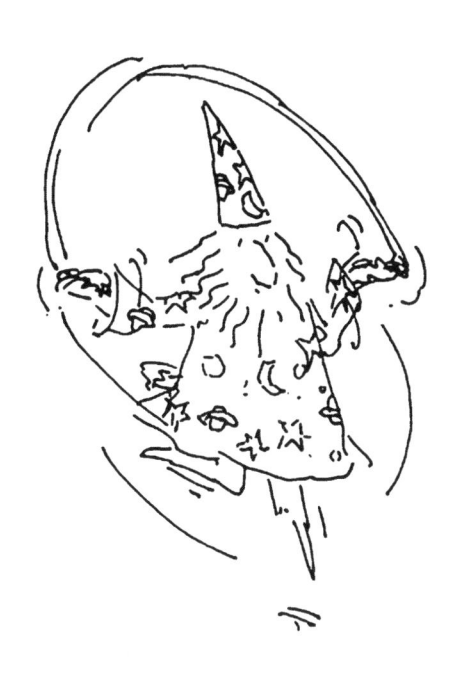

第三章　干扰性观察

> 一个绝望之举……我必须不惜一切代价地为其提供一个理论解释，不惜一切代价。
>
> ——马克斯·普朗克（如此描述他提出量子假设时的情形）

不情愿的心智

谁能预见到这一点？谁能想到伸出手去碰触宇宙竟然会干扰它？假如芝诺和亚里士多德能活在20世纪伊始之时，他们或许会预先警告我们。机械时代才刚刚开始，就被画上了句号。尽管20世纪期间，各式各样的机器大量地出现在我们面前，我们却对机械哲学逐渐失去信心。毕竟，这个世界不是机器，也无法通过将各个部件组装在一起来建造。

借由深入探索物质和能量，并以数学和实验两种方式来进行分析，物理学家们逐渐认识到他们必须放弃牛顿用来描述这个物理世界的连续力学模型。将他们的绘景破坏殆尽的那两朵乌云迫使这些科学家们不得不放弃"连续性"的观点。光波无需介质便可传播，受热物体所散发出的光具有彩虹般的色谱，"受热发光的物体连续散发出热能"这一假设并无法解释这些颜色的形成。

而这一切还仅仅是开始。1935年，人们再次大睁好奇的双眼检视我们所处的物质实相，检视整个物质宇宙，他们也分成了两派：一派人依然坚信对宇宙的力学描述——无论有何新的证据出现；另一派人则对新的非机械性理论——它与芝诺的不连续性跳跃颇为相似——张开了欢迎的双臂。辩论，对于科学界来说，可谓是屡见不鲜。迄今为止，依然如此。

然而，如果"新一代科学家们"更早地摒弃了牛顿和伽利略的分析前例，这些新的发现也不会如期问世。200年前，希腊人做过尝试，不过并未发现量子，未发现对于一切原子和亚原子过程来说至关重要的运动不连续性。正是这一不连续性，将两位新一代物理学家，沃纳·海森堡和尼尔斯·玻尔，带回了古希腊人对宇宙的看法。

和同时期的其他科学家相比，海森堡和玻尔更加欢迎不连续性的量子。因为每个观察活动都有量子牵涉其中，观察甚至有可能会失去其客观性。观察者若想观察到任何东西，就必须赋予或取走一份能量，对于我们所生活的宏观世界来说，这份能量是完全可以忽略的。然而，如果观察者在寻找一个原子的话，就不能再忽略这份能量了。观察者的观察行为会干扰原子，粗暴地打破它对静止的愿望，伸手去碰触原子会导致无法控制的破坏，而这一微小的原子世界也确确实实地遭到观察者诸如此类的破坏。

如果你每次伸手抚摸一只小猫都会被它咬一口的话——无论你是多么温柔，你会继续想象这只小猫是如此柔顺可爱吗？猫咪们确实可爱，不过这只小猫可是喜欢咬人。慢慢地，你就会改变对猫的看法，或者说你为猫建立的理论模型。那么，人们建立的原子力学模型有没有可能是错误的呢？伸手去碰触原子的结果是：并不清楚自己到底触到了什么。

接下来的五章中我将详细描述量子力学的出现与发展。第三章中，我们先看一看科学家们如何发现光的量子性，以及一个新的物理定理又是如何诞生的。光既被看做是在某一并不存在的实质中传播的波，又被看做是粒子流，新定律描述了波与粒子之间的关系。光与物质互动时，会以破坏性的方式运作，这一发现为"机械性、连续性的宇宙论"敲响了丧钟。

第四章描述了科学家们提出的新的物质模型。尼尔斯·玻尔将波与粒子之间的新关系应用于原子内部，对原子所发之光的全新解释从此诞生。这一次，光并非来自于固体或液体，而是气体散发出来的，而且，还不是连续地散发，这是原子本身散发出来的光。不连续地发射光谱说明原子的运动是不连续、跳跃性的。第五章回顾了科学家们用波动性来描述这一不连续、跳跃性运动的种种尝试。物理学家们希望能够借由将物质看做是一种连续的传播形式来拯救力学，亦即，他们将物质想象成波。后来，在美国，人们也确实直接观察到了这种波，这使许多人倍感惊讶。

不过，光的波动说并未坚持到最后，它也存在着不连续性。和此前的理论一样，它也导致了一些悖论，人们需要为此找到新的解释。第六章中，我们将讨论科学家们如何试图通过逻辑解释这些关于物质和光的新悖论。人们放弃了"物质波"的概念，取代它的观点是：波根本不是真实存在的，它只是一个抽象的概念而已，这一观点被称为"概率诠释"。不过，估计你也猜到了，它又引出了新的悖论。20世纪的前三、四十年真是一个潘多拉的盒子，古希腊"连续完整性"的观念又重现于世。观察即是干扰，因为观察破坏了自然的完整性。非决定论由此诞生。

不过，故事并没有结束。在任何领域，新观念总会遭遇阻力。对于保守的物理学家而言，量子实在是太大了，无法整个吞下，这其中就包括量子力学的创始人之一阿尔伯特·爱因斯坦。

第七章中，我们将一起看一看科学家们为了将崭新的量子力学与旧有的牛顿连续性理论结合在一起所做出的种种努力。玻尔和爱因斯坦是"行动小组"与"响应小组"的早期领导者。两组人一致同意，旧有理论已无法解释实验所观察到的现象。他们之间的辩论，以及为了将我们对物质世界的想象与我们对它的体验整合在一起而付出的不懈努力，为我们带来了丰富的洞见。

这部分故事从马克斯·普朗克开始。如他的众多追随者一样，普朗克致力于理论上的探索。也正如他的远古前辈芝诺，普朗克指出我们的思维是有问题的。

用大量的能量来避免灾难

开尔文伯爵将这一现象描述为：一朵乌云遮住了牛顿对光能的力学绘景。雷利勋爵——长期研究波之运动的权威专家——未能解决这一问题，甚至詹姆士·克拉克·麦克斯韦的数学模型——它表明光是因电场和磁场在空中蜿蜒舞动而产生的——也无法解释这一现象。没有人知道受热物体为什么会发光。

热能是如何转化为光能的呢？受热物体所发光的颜色又是怎么一回事？我们都知道，光的不同颜色意味着不同的波长，红光两个波峰之间的距离大于蓝光，光的波长越短，振动频率越高，人们对此确信无疑。

人们相信光是由波组成的，虽然米切尔森和莫利未能检测到光的传播介质，不过没关系，光的颜色以及1820年杨所做的实验已经使大家确信无疑，光肯定是波。问题是：固体或液体中的振动原子受热后，热能是如何转化为光能的呢？

1900年12月14日，一位42岁的略带歉意、语气温和、表达清晰的教授向德国物理协会那些令人敬畏的成员展示了一个怪异的理论。后来人们将这一天看做是量子力学的诞生日。这一天，马克斯·普朗克教授提出了一个能够避免"紫外灾难"的数学理论，他解释了为什么热能不会不可避免地转化为紫外光波。这一解释对于普朗克来说只不过是一种完善，用砂纸将某一粗糙的理论边缘磨光。不过，正是这一粗糙的边缘才在这个料峭的冬日将马克斯·卡尔·恩斯特·路德维希·普朗克[2]教授带到物理学会的面前。

六周前，他曾说自己的发现是"侥幸猜中"，这一发现并未发生在实验室里，而是发生在他的脑中。他并不相信这一发现，甚至五年后爱

第三章 干扰性观察

因斯坦根据他的理论解释了另一"粗糙的边缘"之后，他依然对自己的理论持怀疑态度。他总觉得会有某一力学理论来合理地解释他的"猜想"，毕竟他本人已经过了风华年代，已是一位谨慎的中年学者。他热切地希望能够将他的"猜想"变成"铿锵有力的物理学观点"。20年后，他领取诺贝尔奖时致词说："那是我工作生涯中最艰苦、最狂热的几周，黑暗渐渐消融，意想不到的远景出现在我的面前。"

图3-1 普朗克梦想着侥幸猜中。

他到底发现了什么？普朗克惊讶地发现，物质吸收热能且不连续地散发出光能。"不连续"就是一块、一团的意思，而这些块啊团啊完全出乎人们的意料。为了能够更好地理解普朗克当初为何如此惊讶以及他的发现所具有的重大意义，我请你们来和我一起类比一下。类比材料是大家所熟悉的一个现象：向池塘里扔石头。不要忘记普朗克的发现是理论性的，他和芝诺一样，都是理论科学家。他的工作就是解释我们所观察到的现象，或者更正我们的观念——如果我们对所观察到的现象理解有误的话。理想情况下，新的洞见应该使我们对某一事物有更好的理解，并在此基础上进行新的预测与推断。

向量子池塘掷石子

现在我们开始类比。一个炎热的夏天，你站在一片宁静的池塘边，不断地向水中扔石头。当然，你知道落入水中的一颗颗石子所产生的表面波能量会在水面上引起阵阵涟漪，你每秒钟投入的石子越多，每秒钟内所出现的涟漪就越多。或者说你以为如此。

现在，假设其中的一些石子只是直接落至水底，并未引起任何涟漪。你吃惊地发现，池塘忽而澎湃激荡，忽而水面如镜，而且转换只是在短短的一瞬间完成。不仅如此，何时有涟漪出现似乎与石子落入水中的时间并没有直接的关系。于是你停止扔掷，静静地等在那里。当然，经过片刻的汹涌，水面恢复平静，又成了一面明亮的镜子。这到底是怎么一回事？

然后你又开始小心翼翼地掷石子，一小把一小把地将石子掷入水中，不过水面依然平静如镜。忽然间，水面开始沸腾，激起股股湍流。你仔细地观察，发现水上的涟漪呈波状，且每个波峰之间有着相当的间隔。你又扔进一些石头，只要你每次都扔进定量的石头，池塘就会持续地进行"跳跃"运动，时而沸腾，激起阵阵波涛，时而平静无波，两种状态快速地转换。

现在你加快了速度，以最快的速度扔石头。正如你所料，一开始没有任何事情发生。不过，当池塘又开始沸腾之际，你注意到水波发生了变化，它们的频率较之前更高，波长更短，涟漪之间的间距变得更小。

我们提及池塘只是为了与受热物体类比。石子正如物体所吸收的热量，水波则是受热物体所发的光。不过，两个令人惊讶的特性又使得这个"量子池塘"不同于真正的池塘。其一，量子池塘对于"加热"的反应是偶发性的，其水波是间歇喷发式的，不具连续性。扔石子的热情越低，每轮水波之间的间隔或者说离散性就越大。后来，提高扔石子的速度后，量子池塘的反应速度也有所提高，开始更像真正的池塘：投石子所引起的波纹仿佛颇为规律。

量子池塘的第二个异常之处在于它的反应方式——如果它有所反应的话，量子池塘更容易产生波长更长、更舒缓的波。真正的池塘则不会如此，水波的波长与频率总是取决于池塘边缘的状况以及激起水波的能量。而在量子池塘中，如果我们漫不经心地向其中投掷石子的话，波长较长、频率较低的水波将远多于波长较短、频率较高的水波。不过，如果我们提高投掷速度，水波的分布看上去则更像真正的池塘，开始出现波长较短的水波，并逐渐布满整个池塘。

普朗克以令人惊讶的方式解释这一怪异、不连续的非力学特性：他发明了一个简单的数学公式。许多不从事科研工作的人可能并不了解，创建公式其实并非科学家们的日常工作，每个数学关系式都必须有人费尽心思地用实验来证明。当物理学上出现理解上的差异时，物理学家们并不是简单地拿出笔记本，发明一个新的数学关系式来解释他们所观察到的现象。

事实上，他们通常会采用比较保守的方式。不过，普朗克提出的观点可一点都不保守。可以说，这是一个疯狂的想法，在机械性宇宙中根本没有立足之地。普朗克将振子振荡所带给波的能量与波的频率联系在一起，这个想法在当时极富新意。

能量，能量量子，或者什么都不是

光波的表现完全不同于机械波。普朗克认为，为了理解光波的不连续性，就要先了解能量与光波频率的关系。无论是物体吸收的能量，还是它以光的形式散发出的能量，都以某种方式取决于光的频率；除非在极其高温的情况下，发光物体所吸收的热能并不会激发更高频率的光，原因很简单：产生高频波需要消耗太多的能量。如此，普朗克创建了一个公式，后来人们以他的名字命名这一公式。公式很简单，能量（E）等于所发光的频率（f）乘以一个常数（h），这个简单的公式 $E=hf$ 标志着量子时代的开始。

高频意味着高能量，因此，除非热能非常高，否则的话不会产生更高频率的光波。这个方程式中的比例系数 h 被称为普朗克常数，认为这一常数存在可谓是前所未有的创见。在此之前，没有任何一个力学模型曾经预测过光的频率与产生此光所必需的能量之间有如此的关系。

后来，人们发现，普朗克常数非常小，差不多相当于6.6除以10亿，再除以10亿，然后再除以10亿所得的结果。这一数值是如此之小，你或许会以为其影响绝对是难以觉察的。怪不得光的量子特性直到20世纪才被发现。

普朗克创建的公式$E=hf$解释了为什么高频的光波较难产生，此外，它也同时为我们带来了一个全新的观点：因为能量值hf是最小的能量元——无法再分成$1/2hf$、$1/4hf$或其他分数值，任何光波中振子的能量只能是这一最小能量元（又称能量量子）的整数倍。

物体辐射的光波能量是不连续的，由一份份的能量量子组成，是其整数倍。量子的概念首先以"能量量子"的形式出现在人们面前。量子的意思是最基本、不可再分的能量单位。对于某一频率f的光波而言，其能量就像是糖果棒，只能被均分成同样大小的能量量子，而不能再继续分成这一能量量子的1/2或1/4等。这一观点也同时解释了受热物体为什么更倾向于散射低频光。频率升高的话，就需要将能量糖果棒均分成更大的能量量子，那么能量量子的数量就会减少。也就是说，如果辐射高频光波的话，其能量量子的数量将比较少，那么它出现的概率也就比较小。相对而言，低频光波的能量量子比较小，在能量同等的情况下，其能量量子的数量相对来说就比较多。（能量量子的数量越多，能量波越多，光的可见程度就越高。）因此，低频光波在数量上较占优势。

因$E=hf$这一公式，普朗克就不得不解释为什么光不是连续的，为此，普朗克又提出了一个理论——因为他根本无法实际观察物体发光过程中到底发生了什么。确实，从色彩分布的角度看，普朗克所讨论的光看起来完全是连续的，各色光完美地排列组合成美丽的彩虹。为了能够解释光的连续色谱，普朗克不得不接纳、承认光辐射的不连续性。

当然，新的数学模型"催生"新的、甚至看起来仿佛与其相悖的物理观点，这并不鲜见。

图3-2 能量"糖果棒"：光由若干不可分的能量量子组成。最上面的能量糖果棒具有较大的能量量子，不过能量量子的数量较少；最下面的能量棒具有较小的能量量子，不过能量量子的数量比较多。

虽然普朗克的神奇公式完全出乎人们的意料，也并未得到任何合理力学解释的支持，它却成功地解释了此前人们无法解释的光的特性。而且，不仅如此，在人类科学历史上，科学家们首次陷入了彻底的迷惘，没人知道这到底是怎么一回事，数学公式取代了所有的实际观察经验，这一公式很成功，看起来却一点都不靠谱。

心不甘情不愿的普朗克

马克斯·普朗克以其简单的公式掀起了一阵狂热，他开创了科学——尤其是物理学——上的一个先例。没有任何独立的证据能够证实普朗克的公式$E=hf$，它只是一个数学构想。更令人困窘的是，根本就没有办法解释它。你无法观测、想象它，甚至无法将它与任何类似的公式联系在一起。我用量子池塘和量子糖果棒所进行的尝试，只是为了类比而已，并非对受热物体内在变化过程的描述。

因此，完全接纳物体发光或吸收热量时呈现出的不连续性，这对于普朗克来说是颇为困窘的。虽然他否定了自己的发现，不过却也为时已晚。一位比他稍微年轻一些，或许也勇敢一些的物理学家非常重视他的观点，他就是阿尔伯特·爱因斯坦，他注定将为普朗克公式中的能量E赋予新的洞见，E代表某一尚未被发现的粒子的能量，这一粒子就是光粒子。

爱因斯坦描绘的画面：光子诞生了

爱因斯坦推翻了牛顿的"苹果车"（译者注：英文中"推翻苹果车"是使美梦破灭的意思，作者在这里风趣地一语双关），并用自己的力学画面取代了牛顿力学的风景画，他提出了一个崭新的力学观点。爱因斯坦的理论能够更好地解释物质与光的运动，不过，尽管相对论非常标新立异，却也依然是机械性的：因导致果，即使钟表和标尺都不再像我们曾经以为的那样确定。

然而，爱因斯坦在同一年也播种了一棵新的非机械性苹果树。他认真地研究了普朗克提出的非连续性，并认为，一个物体在辐射或吸收光与热的过程中所呈现出的不连续性并不是因为该物体内原子的振荡，而是因为光与热的能量。他觉得，虽然光的波动性理论获得了相当的成功，从根本上讲，光并不是波。只有在观察者长时间观察时，光才会呈现出波的特性。如果让时间停止流动，让光波的传播画面静止上一段时间，我们就会发现这些光波是由一个个微小的光粒子组成的。

这些光粒子与受热发光物体内原子的振荡互动，也因此这一过程具有如此的分裂性与不连续性。原子的振荡并未制造波，而是散射出光粒子。打个比方，如果我们将物体中原子的振荡想象成一个唱歌的人，那么从歌者口中飘出的旋律就由他口中飞出的一个个西瓜子组成，而不是平滑、连续的声波。

爱因斯坦并未意识到,他这一观点为机械性宇宙的土崩瓦解奠定了基础。对他来说,这一观点依然是机械性的:光波由一种物质组成,这一物质的基本单元所具有的能量是E;而且这些基本单元和以前那些组成物质的基本单元一样,都具有物质性,它们能够运动,具有动量和能量。组成光的基本单元亦如此,爱因斯坦甚至将这些基本单元命名为量子,以表明它们是可数的,是单独的个体,是某个东西的量。

然而,根据E=hf这一公式,每个基本单元的能量依然取决于光波的频率。迄今为止,尚未有任何力学理论能够解释这一点。我敢肯定,如果爱因斯坦的理论未能解释另一神秘现象的话,这一理论也会被遗弃。

这一神秘现象是,光照到金属表面,使金属表面释放电子。受热金属不仅会发光,也能够散射微小的"物质块",这些"物质块"就是电子,一种带有微量负电的粒子。

这并不奇怪,煎熏肉时总是油星四溅。不过真正让大家大吃一惊的是,这与热量没有任何关系,即使不添加任何热能,物体依然会释放电子。不过,爱因斯坦的光子论对此做出了完美的解释。

光粒子要么与金属中的电子撞个正着,要么顺利地从中轻松穿过。如果有碰撞发生,这对电子来说就是一场大灾难,小小的电子会被撞出金属,就像被大炮射出一样。所有的光子能量都因此消耗殆尽,在这一瞬间,它将全部能量都传给了电子。

图3-3 爱因斯坦看到了光粒子,后来被称为光子——最初的量子。

借由不断地改进实验，科学家们看到爱因斯坦对E=hf的运用是正确的。通过以不同频率的光照射金属表面，他们观察到电子的能量随着光之频率的改变而改变。和低频红光相比，在高频蓝光的照射下，电子能量较高。

后来爱因斯坦所命名的量子被称为光子，放射电子的现象则被称为光电效应。1921年，爱因斯坦因为成功地解释了光电效应而获得诺贝尔物理学奖。

正如他的前辈普朗克，爱因斯坦所作的贡献也是理论性的。他们都解释了之前无法解释的现象，也都因其所发现的数学关系式而广受赞誉。这是物理学的一个新趋向，新主意、新看法不断涌现。那么，普朗克—爱因斯坦理论是否也能够应用于其他领域呢？

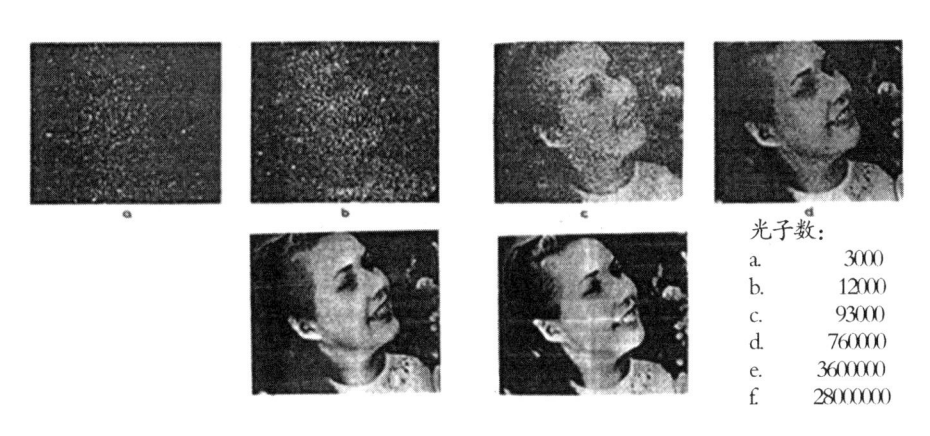

图3-4　不同光子数量对照片质量的影响

第四章　量子飞跃

>"是时候了"。海象说。
>"我们来谈天说地,
>谈谈鞋、船和封蜡,
>还有卷心菜和国王,
>还有还有,
>为什么大海会波涛汹涌,
>猪是否有翅膀。"
>
>——刘易斯·卡洛尔

一位爵士吃了块原子葡萄干布丁

普朗克和爱因斯坦为量子力学奠定了坚实的基础。到1911年为止,光的量子特性已经逐渐赢得了科学家们的首肯,光是波,不过也具有粒子性。科学家们利用最新的真空技术与电子设备来研究稀薄气体中的放电现象,并同时观测放电所产生的光。如今我们将这一现象称为"霓虹灯"。

1896年,约瑟夫·约翰·汤姆孙运用真空及放电技术发现了电子。这一发现被誉为科学发展史上的里程碑,这个小小的粒子中蕴藏了"电"的秘密。汤姆孙使用电磁场来操纵电子束,从而巧妙地测出电子的电荷与质量。和气体原子相比,这个小粒子实在是轻得很,比如氢原子——据我们所知最轻的原子——的质量大约是电子的2000倍。所以,将电子看做是原子的一部分仿佛是自然而然的。也确实如此，人们理所当然地认为引起气体放电的电能将气体原子"撕裂"，从而产生电子。

因为人们认为物质是由原子组成的，也就自然而然认为受热固体或液体发光是因为较轻电子的运动。科学家们认为，电子在它们所属的原子中来回振荡，这些振荡——假设的振荡——散射出光波，正如赫兹于1887年所展示的，电振荡产生无线电波。唯一的问题是：如何才能描述这一切？不要忘了，尽管当时普朗克—爱因斯坦公式$E=hf$已经问世，牛顿经典力学依然根深蒂固。

原子的大小是已知的，其直径稍小于一厘米的十亿分之一，实在是太小了，小得几乎无法想象。我们可以用下面的观想练习来感受一下原子到底有多小。想象你手中有一个高尔夫球，你能够给它充气，就是说让它像气球一样涨大，以能够看到高尔夫球里的原子。更具体地说，想象你为一个高尔夫球充气，使其中的一个原子也随之变大，变成我们所熟悉的高尔夫球那么大。为了使那个原子变成正常尺寸的高尔夫球，能被你握在手中，你就得不停地充气，将最初那个高尔夫球变成和地球一样大！怪不得没人知道原子到底长什么样子，或者更进一步说，电子是如何居于其中的。

1911年，汤姆孙成了汤姆孙爵士，并在英国拥有自己的实验室，领导着举世闻名的卡文迪什实验室，与此同时，他也是某一关注原子结构及其内部电子分布的学派的带头人。

汤姆孙将原子描述成微小的葡萄干布丁，布丁里是比它更小的电子葡萄干。不同的原子具有不同的电子数目。氢原子只有一个电子葡萄干，以一个小小的负电荷来平衡正电荷，从而使氢原子保持中性。不过，原子放电时，带负电的电子便会被拉出布丁，只剩下带正电的"原子布丁"，亦即氢离子。人们发现氦离子带有双倍的正电，就是说它之内必须有两个电子，才能平衡其正电性。依此类推。

另一学派则认为，和葡萄干布丁相比，原子更像是一个微型太阳系，原子中的电子像行星那样沿着某一封闭轨道围绕处于原子中心的原子核运转。每个电子行星都在其特定轨道上有规律地做着重复性的机械运动，而不是像葡萄干那样随机分布在一个巨大、柔软、稀薄、带正电的布丁中。这些电子行星像真正的行星那样运转，分别有其独特的"年"。换言之，它们的运行都有自己的周期或频率。决定这两个理论孰是孰非的应是原子的其余部分：将电子维系在原子之内的正电物质。

根据原子散射的光并无法判断布丁模型或行星模型的正确性，也没有人能够用光照亮原子来进行观察。原子实在是太小了！光的波长是原子直径的几千倍，借助光波来观察某些细节——诸如电子的位置或者原子中更重一些的带正电物质的分布——是绝对不可能的。不过，还有其他研究原子的方法，比如将与它大小差不多的粒子投向它，然后观察二者碰撞后的散射与残骸。正如飞机互撞后的残骸能够展示失事原因，原子残骸也同样能够展示原子的内部结构。

1911年，终于有人以实验来解答这一问题：原子内的物质到底是像布丁那样分散开来，还是聚集在原子中心形成像太阳一样的核？在一个密闭真空容器中，一束氦离子被射向一片非常薄的金箔，真相由此展现出来。一些氦离子被金箔中的原子反弹回来，它们所形成的图案充分表明金原子具有原子核。布丁模型从此失宠。

"行星模型"成为科学家们公认的新原子模型。这一行星模型的惊人之处在于：原子核是如此的小，如果我们继续给高尔夫球大小的原子充气，使它和现代化体育馆或橄榄球场一样大，那么，这一原子的原子核将如米粒一样大。电子则绕着原子核旋转，占据了微小原子世界之内的浩瀚空间。

欧内斯特·卢瑟福爵士和他的助手欧内斯特·马斯登进行了上述实验。后来，卢瑟福在英国中部的曼彻斯特获得了他自己的实验室。作为如今被称作"卢瑟福原子模型"的发明人，卢瑟福爵士带领一个科研团队共同探索电子缘何能够保持其运行轨道并同时以光波的形式散射能量。我敢肯定，卢瑟福的成功一定使在南方进行同样研究的汤姆孙爵士心中很不是滋味。

此时，一位无辜的年轻人正准备步入这场带有些许敌意的研究领域中。他的名字是尼尔斯·玻尔。

玻尔的量子化原子

玻尔博士在丹麦哥本哈根完成博士论文后，便来到卡文迪什实验室为汤姆孙工作。汤姆孙爵士——玻尔的第一个雇主——对会见26岁的玻尔并没有太大的兴趣。玻尔不仅头脑惊人，还坦率直白，他的博士论文主要讨论的就是汤姆孙的电子模型，玻尔立刻向汤姆孙指出了他早期工作中出现的数学错误。

1911年秋天，玻尔——在汤姆孙的压力下——走在前往曼彻斯特的路上，加入卢瑟福的研究小组。他很快就融入其中，开始探寻原子中的电子。

据我们所知，氢原子是宇宙中结构最简单、重量最轻的原子。根据卢瑟福的理论，它由一个极其微小的原子核以及一个绕其旋转的电子组成。玻尔暗自希望，如果能够成功地为氢原子创建一个理论模型，其他原子与氢原子应该没有什么太大的差异，解释起来也就不是什么难事了。因此，他决定先以氢原子为研究目标。

然而，原子行星模型的探索之路上，还存在着一个巨大的绊脚石，那就是：电子如何稳定地保持其运行轨道？如果原子真的像它看起来那么大，电子就会在原子内随意乱转，而且转速和方向随时都在发生着大幅度的变化，其轨迹充满整个原子空间，就像螺旋桨叶片的顶端会占据整个圆弧轨迹一样。电子必须如此运动，且不散射任何能量，当然更不能连续地散射能量，否则的话，对这一模型将是灭顶之灾。原因如下，根据这一行星模型，如果某一行星连续地释放能量的话，它就会沿

纪年表5

	1800~1850年	1850~1900年	1900~1950年
历史事件	路易斯安那购地案	物种起源	美西战争
	拿破仑帝国	美国内战	布尔战争
	滑铁卢战役	阿拉斯加购地案	提出相对论
	门罗主义	发明电话	第一次世界大战
	发现电磁感应		俄国革命
	墨西哥战争		国际联盟成立
	《共产党宣言》		林白飞行
			第二次世界大战
			广岛原子弹爆炸
			联合国成立
			印度独立
			苏联发射第一颗人造卫星
政权	英国女王维多利亚	列宁	
	亚伯拉罕·林肯	富兰克林·罗斯福	
		约翰·肯尼迪	
科学	托马斯·杨	居里夫人	
	约翰·道尔顿	欧内斯特·卢瑟福	
	汉斯·克里斯钦·奥斯特	阿尔伯特·爱因斯坦	
	迈克尔·法拉第	埃尔温·薛定谔	
	查尔斯·达尔文	恩利克·费米	
	格雷戈尔·孟德尔	乔纳斯·索尔克	
	德米特里·门捷列夫		
	威廉·伦琴		
	托马斯·阿尔瓦·爱迪生		
	西格蒙德·弗洛伊德		
	约瑟夫·约翰·汤姆森		
哲学和社会科学	约翰·穆勒	阿尔弗雷德·诺思·怀特黑德	让·保罗·萨特
	卡尔·马克思	教皇约翰二十三世	
		伯特兰·罗素	
		弗里德里希·尼采	
文学	约翰·济慈	马克·吐温	托马斯·艾略特
	拉尔夫·沃尔多·爱默生	罗伯特·弗罗斯特	欧内斯特·海明威
	查尔斯·狄更斯	乔治·萧伯纳	詹姆斯·乔伊斯
艺术	克劳德·莫奈	巴勃罗·毕加索	
		弗兰克·劳埃德·赖特	
音乐	弗朗茨·舒伯特		普罗科菲耶夫
	柴可夫斯基		
	约翰奈斯·勃拉姆斯		
	理查德·瓦格纳		

着螺旋轨道不断地移向太阳；也就是说，如果电子释放光能的话，它便会撞向原子核。这样的话，整个原子如同一个泄气的皮球，一切物质也将因此塌缩。想象一下，那些电子被原子核狼吞虎咽地吞下去后，原子将会变得多么小，这真是不可思议！一个橄榄球场在一瞬间变成米粒那么大，地球则缩小成橄榄球场那么大！一切物质的密度都将变得异常之高（我们宇宙中的中子星确实具有如此的高密度，巨大的重力将原子压碎，挤压在一起），一切事物也将死亡，生命不再。光也从此消失。

那么，如果电子不能连续地释放能量，它又因何散射光？光的散射也是需要能量的。电子肯定在散射能量，否则的话，我们不会看到光。问题是：如何建立一个原子的行星模型，在此模型中，原子仅仅偶尔或者不连续地散射光。因此，玻尔试着想象电子在何种情况下才"被允许"散射能量，又在何种情况下"被禁止"散射能量。这可不是什么容易下的定论，玻尔的原子模型必须要给不连续性提供一个理由。那么，他又是如何解释这一点的呢？

他的解释简单得很，他假定只有在电子不连续地从一个运行轨道跃迁到另一个轨道时，原子才"被允许"散射光，否则的话，便"禁止"它散发出光。正如普朗克和爱因斯坦一样，玻尔也开创了一条勇敢之路，事实上，他也确实深受上述二位的鼓舞。他觉得普朗克的h与此过程有着一定的关系，而且他知道普朗克和爱因斯坦都运用h来描述固体物质中光能的不连续运动。或许h也可以同样被运用于原子之中？如何运用呢？玻尔找到了答案。

其实，这一新秘密对于任何一个对物理学有所了解的人来说，都不是什么神秘之事。它与物理学家们所谓的"单位"有关。单位是物理学上用来评定数量的标准量，一个单位也可以由其他的单位组成。"元"是钱的单位，它也由其他单位组成，比如1元由10个叫做"角"的单位组成，或者由100个被称为"分"的单位组成。与此类似，它也是一张10元纸币的1/10。

普朗克常数h也是一个单位，它同样也可以由其他单位组成。它的物理单位是能量乘以时间；物理学家们也称其为"作用"，单位为动量乘以位移量。正如1元也同时是10角一样，两种表示方法都是正确的。玻尔发现，h也可被看做是角动量单位，这一发现与他的原子模型有着直接的关系。

孩子们最熟悉角动量了。一个运动的物体经过某一固定点时，就会产生角动量。如果将这一物体与它所经过的固定点连在一起，它就会绕着这一点转圈。我们可以将角动量看做做圆周运动的动量。一个孩子追着一个系在杆子上的球跑动时，他常常会绕着杆子跳着、跑着转圈。如果他将自己悬在绳上，就是在展示角动量了。角动量是一个与动量及其半径——或者说物体到原点的距离——有关的物理量。因为玻尔的电子围绕原子核旋转，它就像是被一根无形的绳子——电子与原子核之间的电引力——拴在原子核上的球一样，因此电子具有角动量。那么，能否用普朗克常数h作为电子角动量的单位呢？

为了能够充分理解这一概念，让我们来一起做一个观想练习，想象你手上有一个系在绳子上的球，甩起绳子，让球在你的头上转动，就像想套中一头小牛的牛仔那样。球的转速越高，你感受到的绳子的牵引力越大；球的转速越高，其角动量就越大。

现在想象一位滑冰者正在冰上高速旋转。你可以注意一下，当她将双臂靠近自己的身体时，她转得更快。她双臂所起的作用和系在绳子上的球一样，不过，和球不同的是，尽管她转得更快，她的角动量却没变，因为她的双臂与其自旋轴之间的距离有所减小，正好抵消了转速提高所产生的效果。

现在，想象一个小小的电子在其轨道上绕着原子核运转，我们知道，如果使电子不脱离运行轨道的电引力以及角动量已确定的话，电子的速度也就确定了，而且其运行轨道的半径也是确定的。这一切都取决于为了维持这一精妙的平衡，电子所允许拥有的角动量。

玻尔首先计算电子具有一份角动量时所处的环形轨道，他假设电子的角动量为一份h，然后计算出其运行轨道的半径，计算结果正确，与原子大小相符。然后，他又假设电子的角动量为两份h，并计算其运行轨道；他发现电子的轨道半径变大，是最初轨道的4倍。当电子角速度为三份h时，其轨道半径则是最初轨道半径的9倍。如此这般，玻尔创建了一个新的原子模型。

这一模型仅允许电子占据某些特定的轨道。借由将电子限制在这些特定轨道——后来人们称其为量子化轨道——上，玻尔成功地预测了原子的大小。电子的运行轨道随其角动量的增大而增大，增大比例则是正确的。

这还不是玻尔唯一的发现，他也发现了为什么电子在其运行轨道上运转时不散射能量，换句话说，他找到了原子稳定性的原因。玻尔只允

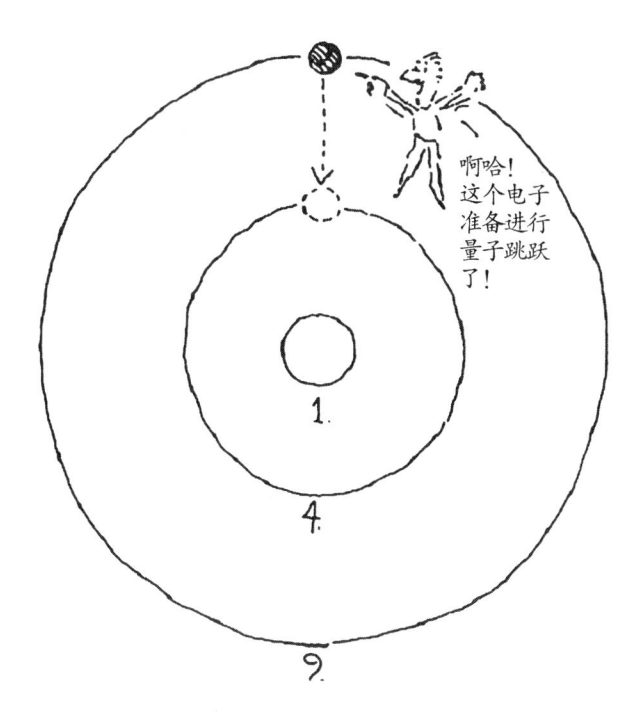

图4-1　圆代表电子的运行轨道，轨道直径比为1∶4∶9。轨道1上的电子拥有一份h，轨道2（直径为4）两份h，轨道3（直径为9）三份h。

许电子的角动量是h的整倍数——而不是其他量值的角动量,也因此发现了将电子维持在稳定轨道上的法则:只有电子的角动量为某一基本单位的整数倍(亦即普朗克常数的整数倍:1h、2h、3h等)时,才被允许在原子内平稳地运转,这些量子化轨道后来被称为"玻尔轨道",而这些正整数1、2、3等等则被称为"量子数"。原子的量子化模型从此诞生。

现在,我们还需要一个允许电子散射光能的"法则"。同样,使电子处于某一稳定轨道的"量子化法则"是没有任何物理理由的,因此,玻尔再次假定电子改换运行轨道之际会散射光。他计算了电子在其可能轨道上的能量,通过比较各个轨道的不同能量,并运用普朗克的公式E=hf,玻尔成功地预测了电子跃迁到另一轨道时所发之光的频率。

1913年1月,玻尔以前的同窗给他看了一篇论文,其作者是瑞士教师约翰·巴尔默。1880年巴尔默观察氢气散发的光发现,从氢气中发射出的光经由棱镜时其光谱并不是连续的,其中缺少了一些颜色。氢原子光谱看上去如同一道水平条纹中含有几条垂直细线,像梳子齿一样,不过却缺了几个梳齿。通常而言,我们能够看到的光——比如阳光或白炽灯光——并不具有如此的光谱,太阳光或者受热物体所散发的光都具有像彩虹那样的连续光谱。不过,巴尔默的不完全光谱是氢气中的氢原子所产生的。玻尔读完巴尔默关于原子光的论文后,内心激动不已。他不仅能够计算电子在每个运行轨

图4-2 玻尔

道上运行的能量，还能算出电子改变轨道时散射出的能量。

巴尔默的氢原子光谱之所以"缺齿"，是因为跃迁电子所散发的能量已被严格预定好。电子运行的轨道是特定的，因此光的频率也自然是特定的，它取决于电子从一个轨道跃迁到另一个轨道时的能量差。玻尔轻松地解释了巴尔默的原子光。

一切都是如此的令人心满意足，然而，玻尔的成功预测完全建立在一个令人不安的理论上。电子并非通过振荡或者绕原子核运转来散射光，事实上，它所做的事完全超出我们的想象，为了散射光，它必须跳跃！它就像孤注一掷的超人一样，在原子内从一个轨道跳到另一个轨道，不可以落在两个轨道之间。玻尔试图对此进行计算，却以失败而告终。他所能想出的最佳绘景就是量子飞跃，从一个地方直接跃到另一个地方，中间没有任何停留。尽管这一绘景听起来毫无道理，它却取代了所有试图解释这一过程的经典绘景。

然而，牛顿力学并未完全被抛弃，甚至，这一经典绘景的某些特性被完整地保存下来。首先，行星般的电子及其轨道，这依然是经典物理

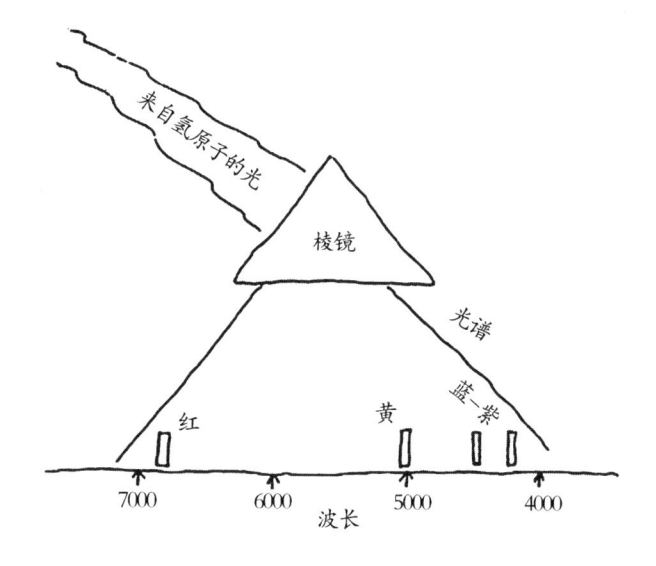

图4-3 巴尔默所看到的氢原子光谱

所崇尚的连续运动的电子。与经典力学相悖的是：电子在玻尔轨道上运行时，不会散射能量。这可是一点儿都不合理，因为人们已经观察到所有正在加速的电子都散射能量。那么，要么玻尔的电子在加速，要么牛顿第二定律在此处就毫无意义。

根据牛顿的理论，有某一作用力作用在电子上，此力将电子拉到其运行轨道上，并改变电子的动量。因此，这一电子必须要加速。此外，因为电子是一个带电的粒子，当它加速时，就必定要散射能量。玻尔理论似乎并不符合人们观察到的这一现象。

然而，玻尔可不是一劝就停下的。他发现他的"允许"及"禁

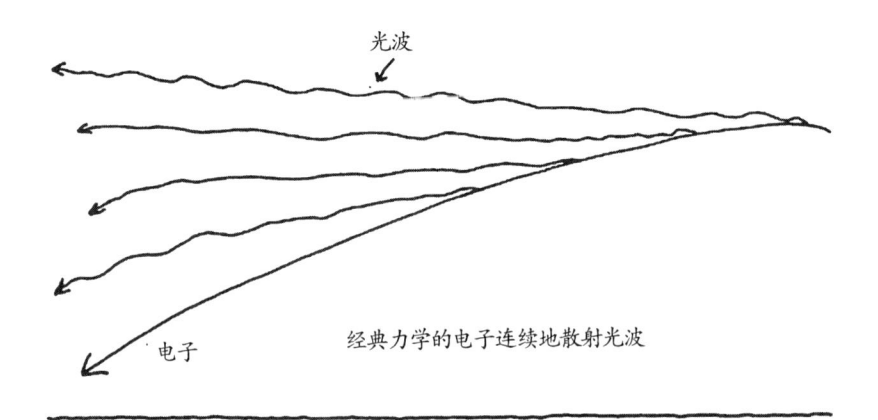

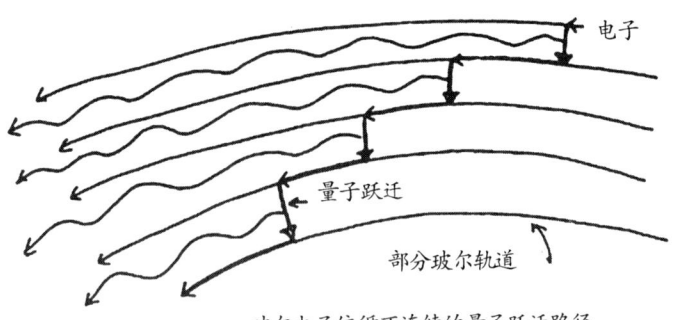

光波

电子

经典力学的电子连续地散射光波

电子

量子跃迁

部分玻尔轨道

玻尔电子依循不连续的量子跃迁路径

图4-4 看上去是连续的，其实根本不连续。

止"法则取决于电子跃迁的程度。从第二轨道到第一轨道的跃迁程度虽然很小，不过轨道半径的变化比例却很大，因此，相对来说，这是一次很大的跃迁。然而，从第10000个轨道跃迁到第9999个轨道，虽然跳跃距离比较大，但与第10000个轨道的直径相比，可谓是小而又小了。因此，相对而言，这是一次很小的跃迁。玻尔计算了电子在直径较大的运转轨道之间跃迁时所散射的能量，其结果与经典理论的预测相符。换言之，轨道半径的相对变化越小，其计算结果越接近基于连续性的经典物理学。

此外，玻尔还确定了量子力学另一个激动人心的特性，它可以被应用于任何需要的地方。也就是将量子力学的法则应用在连续的宏观世界时，它所得到的计算结果应该与经典物理所得到的结果相符。这后来被称为"对应原理"。玻尔备受鼓舞，他感到自己正在揭示上帝的一个大秘密，他明白了为什么这个世界虽然在本质上是一个不连续、量子跳跃的世界，从表面上看却是连续的，这只不过是相对比例的问题。对玻尔来说，不连续性是这个世界的基本真相。

然而，相信连续性的科学家们也不是可以轻易说服的，他们可不想就这样完全放弃经典物理学。虽然因发现对应原理而激动不已的玻尔已经准备好抛弃所有的经典理论，相信连续性的科学家们也在以同样的热情和勇气为这一跳跃找出其经典解释。那时他们根本没有想到，他们努力摆脱量子跳跃的尝试却使他们最终不得不放弃物质粒子世界。

第五章　当粒子是波时

> 未曾见过荒野
> 也未曾见过海洋；
> 但我知道石南花的容颜，
> 还有波涛的模样。
>
> ——埃米莉·狄更生

一个王子想象出一道波

希望能够为原子找到一个机械力学模型的渴望之火再次燃起。玻尔的轨道论实在太让人不安，必须找出一个物理原因来解释为什么只要电子在进行周期运动时就不会散射能量。此外，普朗克那神秘的公式E=hf将爱因斯坦的光子能量与这一光波的频率联系在一起，对此也应该有个物理学的解释。可是，到底该如何解释呢？牛顿经典力学家们并未提出任何新颖的洞见，或许，爱因斯坦相对论的"新力学"能带来一丝曙光。或许，这也是法国上流社会一位阔绰的王子路易·维克托·德布罗意的梦想。

德布罗意是法国皇室的后裔，他的家族历史可以追溯到美国独立战争，他的祖先作为革命者而战。他于1910年历史专业毕业后，他的哥哥——一位著名的物理学家——劝他重返学校主攻物理。德布罗意很快就迷上了量子理论的辩论以及爱因斯坦的各种观点。1922年，从第一次世界大战的战场返回后，他发表了两篇关于爱因斯坦光之波粒二象性的论文，以强调光的双重特性。当观察时间很长，时间长度远超过光波周期的几百万倍时，所观察到的光就是波；如果只是瞬间的观察，仅观察能量从光到物质——或从物质到光——的瞬间转换，所观察到的光则是由粒子组成的，我们称之为光子。

德布罗意希望从机械力学的角度来解释光的波粒二象性，这样的话，他就必须从机械力学的角度来解释为什么光波中光子的能量取决于光波频率。他思考光之特性时，忽然灵光一闪，想到物质也可能具有光的特性。

他知道玻尔那怪异的结论，氢原子中的电子只会在特定轨道上围绕原子核旋转，而且在每一特定轨道上，电子必须具有整倍数的角动量，亦即普朗克常数的整倍数。此外，另一种波也忽然闯入他的脑海，使他目瞪口呆。他想起了驻波。

现在我们来看一看小提琴琴弦，就知道德布罗意在想些什么了。琴弓拉过琴弦时，琴弦会振动，以独特的方式上下运动，当然了，琴弦末端已被琴钉固定住。如果我们仔细观察的话，会发现琴弦很像一道波，琴弦中部上下波动，这种波叫做驻波。它上下振荡，但不会沿着琴弦向前推进，琴声就来自于这一驻波波形。

我们也可以在同一琴弦上看到或听到另一种振动。比如，如果琴弦的中点静止不动，琴弦的其他部分（固定端除外）振动，我们听到的声音就比前者高出一个八度。这一驻波波形被称为第二泛音，其频率高于第一个驻波波形。同样，如果仔细观察的话，我们会看到琴弦中点两侧分别有两个上下振荡的运动。

如果琴弦上有两点（固定端除外）静止不动，其余部分进行振动，便会产生第三泛音。这些静止不动的点称为节点，节点越多，驻波频率越高，所产生音波的音调越高。

德布罗意注意到玻尔轨道上电子的角动量与驻波波型中节点的数目有着一定的关联。在特定轨道上运转的电子只能够具有一份、两份等整数倍的h，那么，电子角动量上的不连续变化，亦即h在份数上的变化，

基音　　　　第一泛音　　　　第二泛音　　　　第三泛音

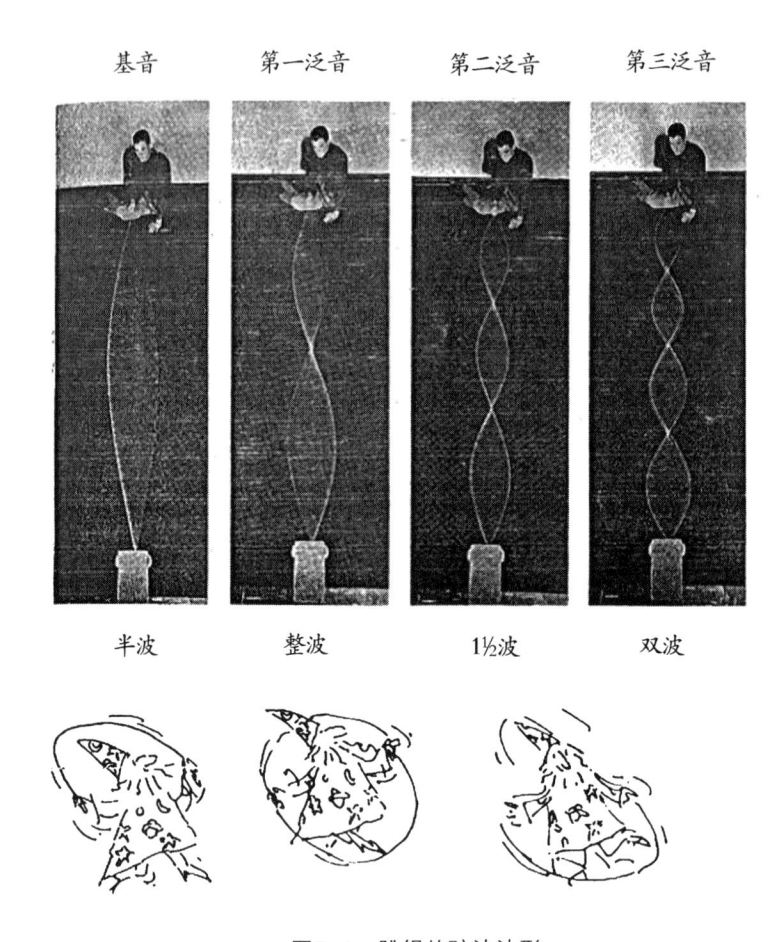

半波　　　　整波　　　　1½波　　　　双波

图5-1　跳绳的驻波波形

是否在某种意义上与驻波波形的变化相似？

德布罗意所发现的相似性在于，任何驻波波形的节点数都是一个整数，频率最低的驻波有两个节点，亦即两个固定端；比它频率高一些的驻波有三个节点，再下一个驻波有四个节点，依此类推。此外，根据普朗克的公式E=hf，能量即频率，那么，氢原子内部的高能轨道是不是就相当于较高的物质波谐频？

德布罗意意识到，玻尔轨道可以被看做是环形的小提琴琴弦，一条吞下自己尾巴的蛇。那么，他运用物质驻波理论计算出的电子轨道尺寸是否与玻尔的计算结果相符呢？换句话说，如果将他所描述的波限定成一个圆，这些波会呈现出何种特性？

德布罗意发现，他的计算结果和玻尔的完全相符！他计算出最小轨道的波长，并发现波和粒子还有着另一个令人惊奇的数学关联，运行于轨道上的电子的动量等于普朗克常数除以波长。他飞快地重新检查了一下自己的计算，然后立刻开始着手计算下一个轨道。这一轨道的能量较高，但计算结果与第一轨道相同！对于每一个玻尔轨道，电子的动量都

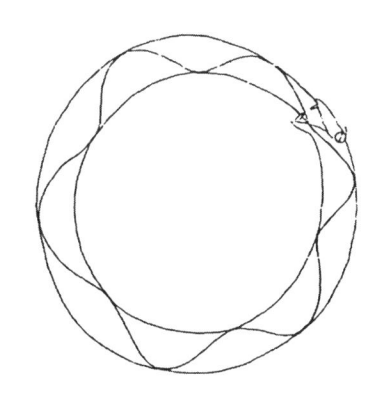

德布罗意的"轨道"：环形波

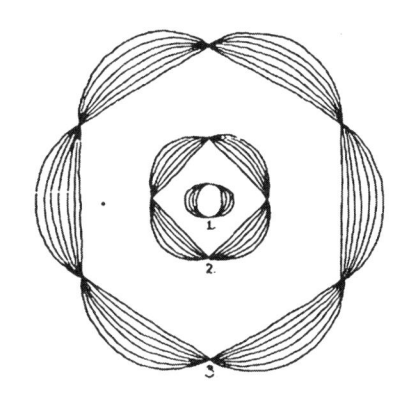

驻波模型取代了玻尔轨道。第一个轨道具有一个完整的波，第二个轨道有两个完整的波，第三个轨道有三个。

图5-2 德布罗意和他的原子

等于h除以驻波的波长。

德布罗意创建了一个新公式，这与普朗克的公式同样令人惊讶，同样富于创新性。公式表明粒子的动量P等于普朗克常数h除以波长L，亦即p=h/L。

这一新的数学发现成功地解释了玻尔的轨道。每个玻尔轨道都是一个驻波波形，最低的轨道有两个节点，下一个有四个节点，因为如果有三个节点的话会自我抵消，第三个轨道则应有六个节点，以此类推。每个轨道上电子的能量等于h乘以波的频率，其动量则等于h除以波长。这一数学模型成功了！

原子是一台已经调好的精微仪器，数学关系式将微小的电子平衡成一个调好的驻波波型。电子的运行轨道也被确定好，尺寸固定，以保证这些不同以往的、量子化的波形存在。

路易·德布罗意将他的研究结果写成博士论文，并于1923年心怀忐忑地将自己的论文呈交给巴黎大学科学院。他的论文非常有新意，或者说，太有新意了。原子研究可是物理学的一个分支，不是什么音乐作品！而且，也没有任何物理实验来证明这一"疯狂"的想法。事实上，对于保守的科学院而言，用如此荒唐的想法来解释玻尔同样荒谬的理论，实在是有些过分！

阿尔伯特·爱因斯坦被唤来为其解围。他回复说："这看起来似乎荒谬，不过却真的很合理！"德布罗意的论文获得了认可，不久以后，王子因此被授予诺贝尔物理奖。而在美国，则有个人真的发现了德布罗意波。

美国波粒

爱因斯坦大张双臂欢迎德布罗意的理论，这对基于连续性的经典力学是一个有力的回击。迄今为止，人们尚未在原子中发现引导电子的波。德布罗意的计算结果显示，重量小、速度高的电子，其波长非常短。事实上,这些局限于原子内超小轨道上的波还没有一厘米的二十亿分之一那么长,甚至光波都比它长出五千倍。

德布罗意的波被看做是与粒子如影随形的波,无论粒子去向何方,这一物质波就像阴影那样,陪伴着粒子前行,它们属于彼此。波的频率取决于粒子的能量,而其波长则由粒子的动量来决定。物质,正如光,也具有双重特性,亦即波粒二象性。

尽管这些新发现震撼了欧洲科学界,大西洋彼岸的美国却没有受到什么影响,美国人对较具实用性的发现更加感兴趣。贝尔电话实验室就是美国倾向于实用性研究的典型实例,不过,为贝尔工作的克林顿·戴维孙在他的研究中注意到一个奇怪的现象。他发现,他在实验中使用的电子从洁净的镍晶体表面反射回来,呈现出令人惊讶的图案。他对自己的实验结果充满信心,将它们发表出来,并且没有给出任何解释。

戴维孙的研究结果漂洋过海,来到欧洲。两位德国科学家,詹姆斯·夫兰克和沃特·埃尔泽赛尔看到这些电子反射图案后激动无比。这些图案实在是令人费解,除非你将它们看做是镍原子的电子物质波所产生的光波干涉图案。根据戴维孙实验中电子的动量,夫兰克和埃尔泽赛尔能够确定电子的反射图案,他们利用德布罗意的波长计算公式p=h/L所计算出的图案与戴维孙的实验结果完全吻合,德布罗意波就此得到了验证。

此后,人们还进行了一系列的实验。随着中子——原子核中的新粒子——的发现,物理学家们制造出中子衍射图,它看起来很像戴维孙观察到的电子图案。科学家们很快发现,无论何种粒子,只要将该束粒子射向与其大小近似的晶面上,就会发生波的干涉,并因此产生波形图案。

现在,物质波的概念终于得到了承认。事实上,科学家们完全接受了这一观点,他们甚至开始怀疑粒子是否真的存在。或许,我们可以使波以某一特定方式互相干涉,并制造出粒子?还有,我们能否以严谨的

第五章 当粒子是波时

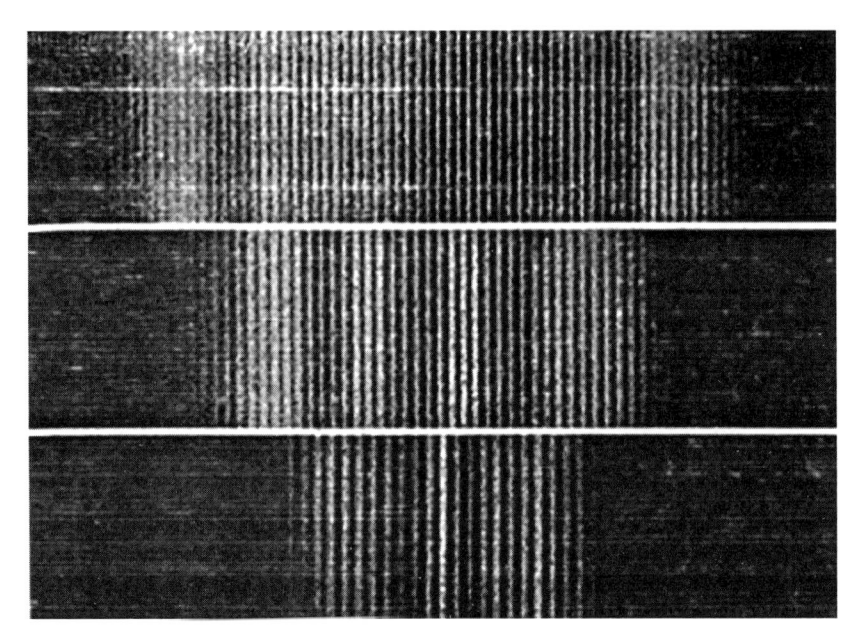

图5-3 物质波干涉图案。每个电子的动量改变,波长就会改变。"波齿"之间的距离随着波长的增加而增加。

数学分析来支持这一想法呢?

　　此外,还有一个原因促使科学家们找到这一数学分析模型。德布罗意的波理论仅仅适用于粒子束和闭合的玻尔轨道,电子又是如何从一个轨道跃迁到另一个轨道上呢?原子内部到底都有什么机械、连续的事件发生?牛顿力学并未寿终正寝,它只是被改头换面,打扮成另一种新的物质形式:物质波。无论如何,一定能找到一种方法来描述原子内部的电子运动——既能转换轨道,又能散射出光能。为了能够找到这一答案,就需要一位研究波的专家。

薛定谔那不可思议的波理论：绘景之终

德布罗意的波理论当然具有一定的意义，至少它为我们描述了原子内部的绘景。然而，科学家们并不满足于此，他们需要一个方法来想象、描述原子能量发生改变并散射出光时，其波形图案所发生的变化。玻尔的电子跳跃和德布罗意的波形理论均无法解释不同原子所散射出的光。不过，奥地利物理学家埃尔温·薛定谔发明了一个数学方程，成功地解释了原子内部波形图案的变化。

薛定谔方程提供了连续性的数学描述。他将原子看做是振动的小提琴琴弦，电子从一个轨道跃迁到另一个能量较低的轨道只不过相当于简单地改变了一下音符而已。琴弦经历这一改变时，在某一瞬间能够同时听到两个泛音，其结果就是大家都熟知的和音。研究波动的科学家们称其为"音节"，两个音符之间的音节就是我们听到的和音，它进入我们耳中，仿佛是第三个声音。这些音节的波动图案取决于两个泛音之间的频率差。

这一理论成功地解释了原子中的电子在改换轨道时，其光波——或者说散射出的光子——的频率。光即是音节，是和音，是介于高低两个泛音之间的薛定谔—德布罗意波。观看原子光，其实就是观看原子高唱和音。薛定谔希望能够用这一理论来挽救物理过程的连续性。

图5-4 数学波正在薛定谔的脑中起舞。

然而，并非所有的物理学家都赞同薛定谔方程。没人知道这种波到底是什么样子，它们无需介质便可传播，在物质空间中也没有可辨识的具体形和相。与水波和声波不同，它们只是通过数学函数所描述出来的抽象的数学波。

　　想象一个借由数学函数所描述出的物理绘景确实很难，不过这并不是不可能的。如果你曾在浅塘中——小孩子们刚刚去过的浅塘——涉水，你或许会经历到一个数学函数那令人尴尬的物理彰显——由于那些孩子尚无法控制自己的膀胱。你从浅塘的一个地方走到另一个地方，会毫无疑问地注意到有的地方水温高一些（"热点"），有的地方水温则低一些（"冷点"），水塘中的水温并不相同，每个地方的水温是其位置的数学函数。经过一段时间后，水塘中某一位置的水温也发生了变化，水温也是观察时间的函数。换言之，水温是空间与时间的数学函数。

　　与此相似，薛定谔的波也是空间与时间的数学函数。唯一的问题是，没人知道该如何找到其"热点"与"冷点"，或者说，它的低谷与高峰。此外，原子结构越复杂，它的波也随之变得更加复杂。例如，一个电子的波是该电子在空间中的位置及时间的函数，这还不算太难。不

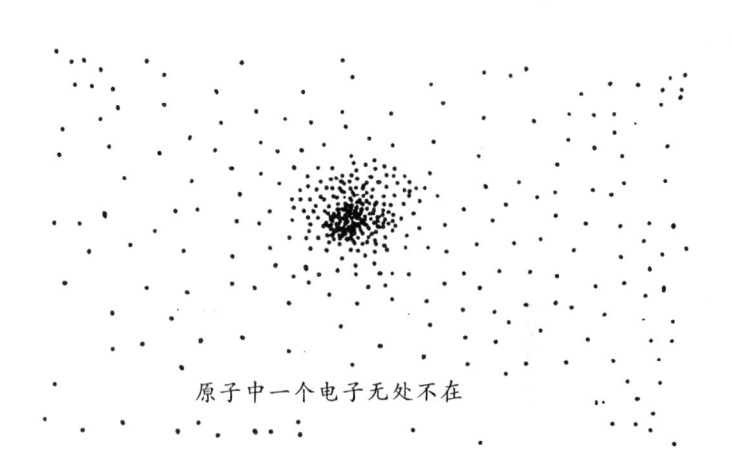

原子中一个电子无处不在

图5-5　薛定谔的氢原子：一张概率图

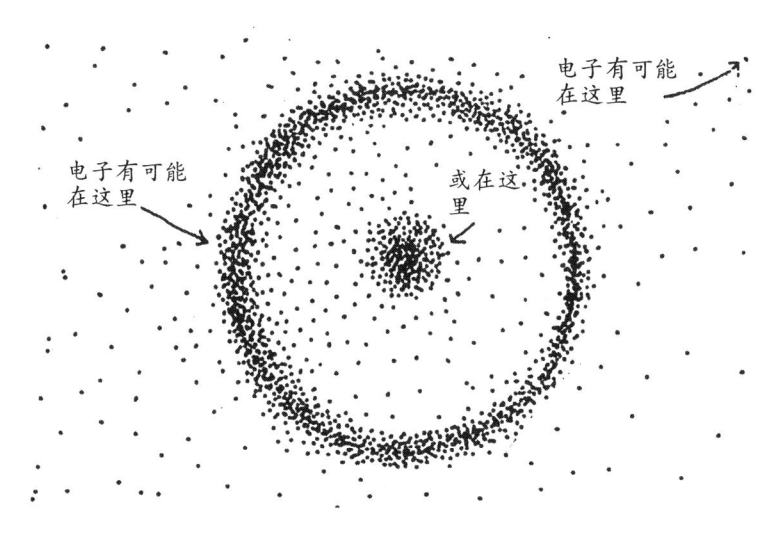

图5-6 薛定谔的氢原子：在它即将散射能量之前

过，让我们再看一看氢原子，它有两个电子，却只有一道波，波的特性同时取决于两个电子的位置。随着原子的原子数增加，其内的电子数目也随之增加。原子数为92的铀，具有92个电子，却只有一个波函数，想简单地描述这个波是不可能的。

不过，尽管薛定谔的波是不可想象的，它却是不可或缺的，因为它解释了经典物理无法解释的许多物理现象。这一数学模型成功地解释了任何原子所散射的光、分子振动以及气体在极低温度下吸收热的能力。物理学家们激动不已，他们试图将薛定谔方程应用在他们面对的所有课题中。他们就像一群冲进厨房的孩子，烤蛋糕时屡战屡败，最后忽然惊喜地发现了妈妈的食谱，薛定谔方程似乎为人们所能想象出的所有物理应用都提供了正确的食谱。

每个人都相信薛定谔的波，虽然没有一个人知道它如何在空间与时间中运动，不管怎样，这个波肯定存在。虽然并不存在对它的具体描述，不过它的数学模型便已足够——当然，其前提条件是你知道如何阅读数学食谱。这波能产生粒子吗？是否能用薛定谔的食谱烤一个粒子出来？对于真正的大厨来说，这甚至都是可能的。那么，如何才能用波制造出粒子呢？答案就在于我们对粒子的概念，粒子是一个微小的物体，与波有着一个显著的区别：它具有局部性。它占据有限的空间，从空间中的某一区域运动到另一区域，你总可以知道它到底在什么地方。在某一特定时间，它只会处于某一特定位置。

波则不同，它们不具局部性，而是分散于空间中一个宽广的区域中，事实上，它们能够占据整个空间，同时存在于许多地方。

不过，波能够相加。如果我们将许多波加在一起，会得到出乎意料的结果。薛定谔的波也不例外。我们可以将薛定谔的波像添加烹调原料那样加在一起，做出一道菜：薛定谔脉冲波。

脉冲波是一种特殊的波。如果你将跳绳的一端固定在墙上，用手拉住另一端，通过拉紧绳子并使其上下运动，就可以制造脉冲波。这一脉冲波从你的手一直前行，直达墙壁，然后又返回来。这与球撞在墙上再反弹回来的运动很像。或许，电子的运动也不过如此，它是一条无形之绳上的脉冲波。

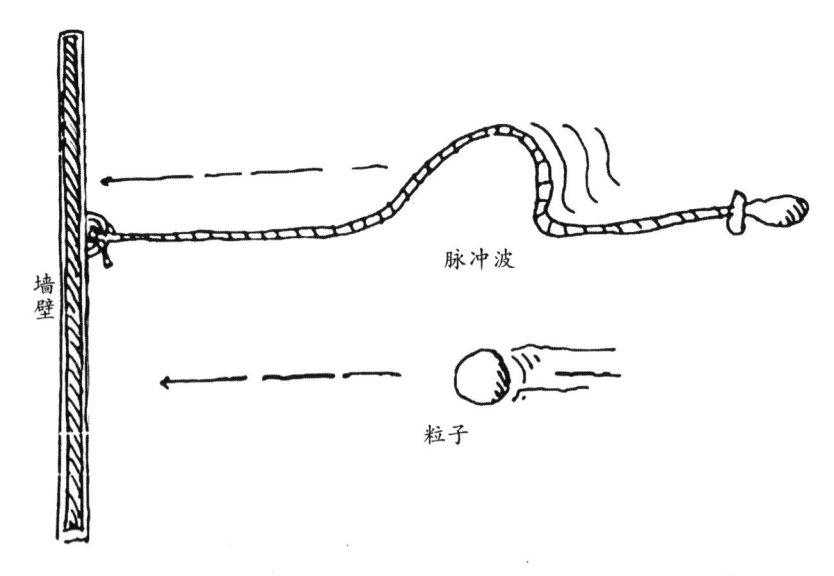

图5-7 抖动跳绳所制造的脉冲波看起来和正在运动的粒子很像。

不过薛定谔的脉冲波有着极其令人窘迫的一点：越老越胖，就是说，它不断扩展，随着时钟的流逝不断变宽变胖。它的问题是，它无法维持其团结的状态。它由不同的波组成，而每个波都有其自身的前行速度。随着时间的推移，它们各奔东西。只有在每个波和谐相处的情况下，这一脉冲波才不至于分散。

如果你愿意的话，你可以想象脉冲波如一群奔驰在赛马跑道上的马。这些马只会短暂地跑在一起，渐渐地，因为奔跑速度不同，它们会逐渐分散开来，跑得最慢的马落在最后，最快的马则跑在最前面。随着时间的推移，最快和最慢的马之间的距离逐渐增大。脉冲波也以相似的方式逐渐变胖，因为最慢的波无法再与最快的波同步前行。

较大的物体，比如棒球，也由波组成，物体的原始尺寸越大，波的

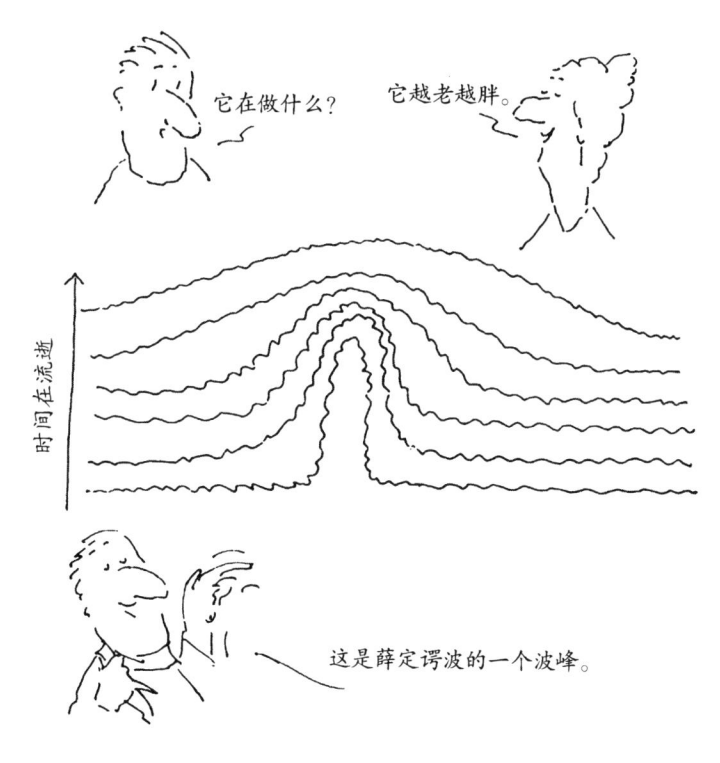

图5-8 薛定谔的自由粒子：你看到它的那一刹那，它已经扩散开来。

扩散越慢。因此，棒球能够维持其形状是因为它的原始尺寸足够大，描述棒球的薛定谔脉冲波没有任何困窘之处。

不过，电子可是与此截然不同。它被禁锢在原子之中，原子核的作用力如缰绳一般将它的波拴住，只能在原子之内传播，不能超出这一范围。不过，当电子不再受此禁锢时，也就是说，当它获得自由后，构成其微小粒子尺寸的波开始以极快的速度扩散。在短于百万分之一秒的时间内，这一电子会变得像橄榄球场那么大。当然，从未有人见过那么大的电子。我们看到的所有电子——只要我们能够看到它们——都极其微小。

我们所观察到的电子与薛定谔方程所描述的电子之间的矛盾展示了一个新的问题：是什么阻止了薛定谔脉冲波的快速增长呢？几乎无人意识到，这一问题将会引出一个新的悖论与难解之谜，并为我们带来一个全新的宇宙绘景。这一问题的答案是：人类的观察阻止了这些波的增长。我们正站在一个新世界的边缘，即将发现新的不连续性。

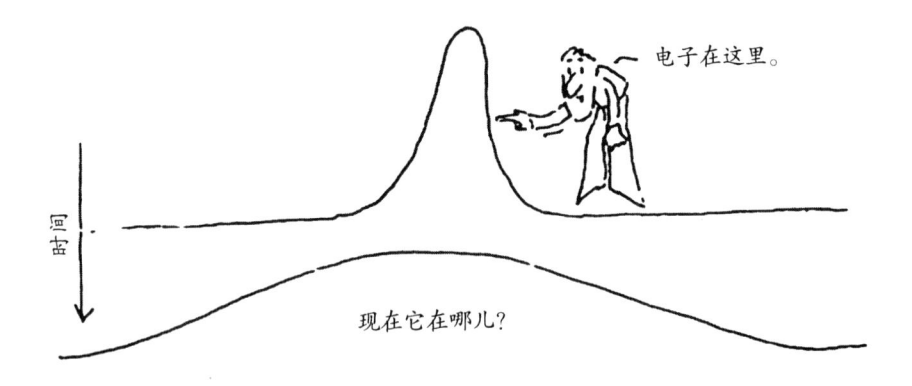

图5-9　骨瘦如柴的薛定谔脉冲波在前行之路上变得越来越臃肿。

第六章　从未有人见过风

> 宇宙不仅比我们想象的古怪，它比我们所能想象的还要古怪。
>
> ——约翰·伯登·桑德森·霍尔丹

上帝掷骰子：概率诠释

不从事科研工作的人可能很难想象，对于那些一心渴望连续性的科学家而言，"物体运动是不连续的"这个想法是多么令人厌恶。先从爱因斯坦说起，光的运动不连续性被描述成一个机械性的画面：光由一个个微小的粒子组成；然后是玻尔及其在原子内部跳跃的电子，他的理论使那些信奉连续性的科学家们心烦意乱，因为他们实在无法理解这些小粒子怎么会以如此的方式运动。当德布罗意和薛定谔提出他们的波动理论时，这些连续性的信奉者们终于长舒了一口气。

尽管薛定谔的原子理论看起来很是复杂，而且还依赖于一个几乎令人无法想象的波函数，它却是相当合理的。原子内的电子是波，原子之所以散射能量，并不是因为它之内的电子从一个轨道跃迁到另一个轨道，而是因为一系列连续的和音音节。当原子"音乐盒"同时演奏高频、低频两种能量时，就会散射出光。两道电子物质波之间的频率差——它与玻尔原子理论中两个电子轨道之间的能量差相符——正是科学家们所观测到的光的频率。

渐渐地，频率较高的物质波开始变弱，只剩下较低的和音，原子因此不再散射光，因为频率较高的和音已不再，原子只是继续散射低频的电子振动波；而根据普朗克的公式E=hf以及德布罗意的公式p=h/L，这波是不可见的，只在原子内部振动。

以后，薛定谔的理论将被推翻，不过薛定谔方程，他的数学定律，则继续有效。而且，经过多日冗长、艰难的讨论后，他对玻尔说，他对自己卷入这一量子跳跃研究深感厌恶。问题是，无论这些波如何震动、如何起舞，它们都依然具有一定程度的粒子性。马克斯·波恩是第一个诠释粒子不连续性的人。波并非电子振动波，而是概率波。

1954年，马克斯·波恩教授因其对波函数的诠释而获得诺贝尔奖，这已是他首次提出这一理论的30年之后。那时，诺贝尔物理奖渐渐地也开始关注纯理论研究，而不是仅仅青睐物理实验上的发现。波恩解释了他为什么反对薛定谔的原子理论，原因很简单：他与实验工作之间的关系实在是太密切了。他熟知他工作的学院——位于德国哥廷根——所进行的碰撞实验，在那里，科研人员利用精纯的真空技术以及电子束聚焦技术对原子和电子之间的碰撞进行了详尽的研究。尽管人们已经发现电子波，这些碰撞实验则令人信服地说明电子在很大程度上依然是一个粒子——一个等着我们去砸开的坚果。

毫无疑问，薛定谔的数学模型是成功的。他的方程正确地解释了所有能够观察到的原子现象。不过，如何将薛定谔方程应用于波恩所在学院所进行的碰撞实验呢？换句话说，该用什么样的波函数来描述电子束与稀薄原子气体之间的碰撞呢？电子束中的电子并未被局限在任何原子之内，它们能够自由地在空间中运动，冲向它们的最终目标：原子。

描述单一电子的时候，薛定谔的脉冲波则显得有些力不从心，它长大的速度太快！无法成为波恩每天在实验室都能看到的那种小小的电子。不过波恩了解其数学模型，知道比较宽的电子波扩散得比较慢，因此，如果脉冲波的初始宽度比较大，它从仪器的一端传播到另一端时，就几乎不会扩散。可是，既然脉冲波肯定比原子宽出很多倍，原子中又

图6-1 马克斯·波恩将薛定谔的波看做是电子在空间中的分布概率。

怎么可能容纳得下电子呢？

波恩意识到，在哥廷根所进行的一系列实验中，没有任何一个人能够在电子束中确定一个电子的位置。那是不是有这个可能，就是说脉冲波的宽度在某种程度上与我们对电子位置的认知有关？于是，波恩在他的数学模型中允许脉冲波与电子束一样宽，这时他发现脉冲波不再扩散。

波恩的尝试表明，给波一个新诠释的时间到了，波并不是真正的粒子，而且它与我们对电子位置的认知有一定的关系。事实上，它是一个概率函数。

我们如今所知的概率函数与之相似，人们用它来表述事件发生概率的分布情况。一个典型的例子就是描述硬币在空中翻滚的概率函数，它正面落地的概率是0.5。然而，一旦硬币落在地上，其概率函数就立刻发生了变化。如果它正面朝上，其概率函数就是1；如果它反面朝上，其概率函数则为0。

保险公司运用概率函数来描述车祸的分布情况。每天驶往旧金山的车辆川流不息，也就是说，发生车祸的概率很大。开往旧金山的车辆越多，撞车的可能性就越大。相对来说，圣地亚哥的交通则没有这么拥挤，因此，这一地区出现车祸的概率密度或者说概率分布就较低。如果我们通过卫星来观察行驶在加利福尼亚的所有车辆，就很容易预测哪些地方容易出现车祸，简单地记下那些车流最密集的地方就可以了。

波恩运用同样的方法来描述电子流，电子束中电子最密集的地方，薛定谔波的强度就越大。通过计算其强度，波恩发现他能够预测电子与原子碰撞的概率。

波恩的理论给他的同事们留下了深刻的印象。再一次，欧洲的各个实验室都长舒了一口气。不过，这一理论依然存在漏洞，波恩的理论仅适用于粒子束或汇集在一起的粒子。物理学家们就像保险精算员一样，已经习惯于使用概率来处理大量不可数的事件。在哥廷根进行的实验中，事件是不可数的。不过，如果仅有一个电子？或者一个原子呢？在这种情况下又该如何理解薛定谔波呢？薛定谔的波能否用来描述一个单一的电子？

在这种隔离的情况下是否有波存在呢？换句话说，它能算是真正的波吗？如果波动特性是大自然中所有个体粒子的基本特性之一，那么，是谁决定所观察到的电子的位置呢？难道自然本身就是一个概率游戏？上帝真的在掷骰子吗？

物理学家们试图找到一个新的诠释，概率理论似乎也不完全正确。不过，能用什么来取代它呢？自从第一次世界大战末期，德国的科学家们就在寻找这个问题的答案。一个全新、富于革新性的理论出现在一位科学家的脑海，这一理论将彻底改变我们对物质世界的看法。

海森堡的测不准原理：机械力学模型的终结

如果我有台时间机器，并能回到我想去的任何一个时代，我会选择哪一个呢？我会选择咆哮的20年代，不过我想去的却不是美国。对，不去美国，去刚刚经历过第一次世界大战的德国。因为我对伪颓废及咖啡馆社团很感兴趣，你可能会在贝尔托德·布雷希特和托马斯·曼那些人中找到我。那时，包豪斯艺术设计正处于繁盛时期，惊世骇俗的达达主义艺术也正忙着借由嘲笑颠覆传统文化及美学形式来创造"真实的实相"。那一时期，非理性、机遇和直觉是最具指导性的原则。弗洛伊德已经过时，荣格和阿德勒最流行，人生就仿佛是一场卡巴莱歌舞表演。

现在再谈谈那些物理学家。尽管他们为数不多，也就不到100人，年轻、热情的新一代学者正走上新物理学的舞台。普朗克已年过花甲，爱因斯坦刚刚过完40岁生日，玻尔35岁左右，这些年长、聪慧的温和派人士是新一代的灯塔。达达主义物理学家出现了，就在德国的哥廷根。1922年的初夏，丹麦一所新建物理学院——哥本哈根学院——的院长尼尔斯·玻尔教授来做讲座。

第六章 从未有人见过风

20岁的沃纳·海森堡就坐在来听讲座的学生中间。这是他与玻尔的第一次会面,而且他们的会面远不止这一次,他们两人一起彻底改变了物理学的含义。他们渴望废除以力学模型为基础的物理学,并宣告要创建一所新学院,一所支持"不连续性理论"的学院,他们的理论导致了一场思想上的革命。

海森堡在他的著作《物理和物理之外》中谈到与玻尔的首次相遇,他先谈论了几句玻尔的原子理论后,写道:

> 玻尔一定意识到我的评论是因为对他原子理论的极大兴趣……他迟疑地回答我……然后邀我与他下午一起去海恩山散步……这次散步对我的科研生涯有着决定性的影响,或者更恰当地说,我的科研生涯始于那天下午……(那天下午)玻尔的话提醒了我,原子并不是一样东西……

然而,如果原子不是一样东西,它们又是什么呢?海森堡对此的回答是:我们必须摒弃所有关于这个世界的经典理论,再也不能用"运动就是物体从一个地方连续地移动到另一个地方"这一经典理论来描述。这一理论只适用于宏观物体,绝对不适用于原子级的"物体"。换言之,一个概念只有在被用于描述我们实际观察到的事物时,才显得合理,可是当它被用来描述我们认为有什么事情发生的时候,就不是那么铿锵有力了。我们无法看到原子,因此它也就

图6-2 年轻的海森堡:他看到了不确定性?

不是一个有意义的概念。

海森堡的思想深受爱因斯坦的影响。1905年,爱因斯坦小心翼翼地铺建了通往相对论的阶梯。他意识到,为了能够讨论诸如空间、时间等概念,就必须先提供一些可供使用的、有效的定义,这些定义的目的是详细描述该如何进行测量。例如,尺子被用来测量空间,钟表则用来测量时间,在任何一个拥有这些客观实验工具的人面前,空间与时间都不再神秘。每一个拿着尺子与钟表的人都会赞同这些定义,因为他们赞同这些工具的使用方法及目的。

只有当我们都知道如何对其进行测量时,一个概念才是有意义的。意识到这一点的海森堡开始质疑所有那些不具备有效定义的概念。我们虽然无法观察原子,却能够观察它散射出的光。借此,海森堡发明了一个崭新的数学工具,它的出发点是可见的光波的频率,而不是不可见的原子之内某一不可见的电子的位置与动量。这些新的数学工具从"数学运算符"的角度出发,而不是以"数字组成的数学"为出发点。

"数学运算符"需要执行某一运算职责,它以预定的方式改变或修正某一数学函数。例如,被称为"平方"的运算符会使任何一个数学函数与自身相乘。(因此,当"平方"对"x"履行职责时,其结果便为x^2;如果它对5履行职责,结果则为5^2,依此类推。运算符也可以成为其他运算符履行职责的对象,因此,"平方"可以与3相乘——这个"3"既可以是运算符也可以是一个简单的数字,其结果则为"3×平方",一个新的运算符。当"3×平方"在5身上履行职责时,其结果则为75,而不是25。两个以上的运算符也可以相乘在一起。)在马克斯·波恩的帮助下,海森堡发现他的数学运算符——它们分别对应于原子所散射之光的频率与强度——遵从着一个奇怪的乘法法则,使运算符相乘的顺序起着至关重要的作用。例如,如果运算符为A与B,那么A×B并不等于B×A。如果我以前面提到的"3×平方"为例,我们会看到"3×平方"不同于"平方×3"。如果以5为"3×平方"的执行对象,得出的结果是75，也就是3×5^2；而如果以5为"平方×3"的执行对象，则应该这样算：3乘以5，再平方，其结果是225，也就是$(3 \times 5)^2$。因此，"3×平方"并不等于"平方×3"。这是不是说，我们的物质世界也同样依赖于我们观察事物的顺序呢？

后来，波恩和帕斯夸尔·约尔丹一起将海森堡的数学模型进一步发扬光大。他们以玻尔的对应原理为指导，对应原理明确地展示出，当描述玻尔电子轨道的量子数远大于1时，经典力学观点与量子力学相符。他们依据对应原理，很快找到了电子位置及动量的数学运算符，而不是海森堡所用的频率与强度。令人惊讶的是，他们发现，这些数学运算符也同样取决于运算顺序，一个前所未有、谁也未曾想到的宇宙新绘景渐渐浮出水面。

后来，人们发现算子代数与矩阵有着一定的关联。我们必须依循精心定义好的规则来进行矩阵——排成一个列阵的数字——的运算。而矩阵的运算规则与运算符的数学运算规则完全一样，也因此，海森堡的量子力学理论后来被称为矩阵力学。德布罗意和薛定谔的波动力学依然备受关注，然而，这两个不同的数学表达形式其实只是同一理论的不同装扮而已。薛定谔发现了这一点，并为其提供了严谨的数学证明。就这样，纯操作性的矩阵力学暂时失去了青睐。

尽管如此，海森堡可不打算就这么放弃他从矩阵力学中所获得的洞见。他开始运用薛定谔的波理论来探索他对这个物质实相的观测基础；波恩对波的概率诠释指导他该如何前行，此外，他也同时依据爱因斯坦的理论来描述该如何测量一个原子级物体的位置与动量。

有光照耀，我们才能够看到东西，确定一个电子的位置也需要我们的视觉。海森堡知道，他需要一种特殊的显微镜才能看到像电子这样微小的东西。显微镜捕捉原本来自不同方向的光线，并迫使它们在与观测者目光基本相同的方向上运动，从而放大所观察的图像。光圈或者说镜头打开的程度越大，捕捉到的光线就越多，这样，图像的质量更好，不过图像质量越好，观察者需要付出的代价也更高。

代价是：我们并不知道这些光线在离开被观察物体——我们当初想观察的那个物体——之后的具体路径。是的，我们确实能够看到这一物体——那些小光子们与它碰撞后被显微镜收集在一起的那一部分影像。不过，在一个光子被镜头圈住前，它正在朝哪个方向运动呢？北？南？还是西南？一旦这一光子被显微镜收集，我们就再也得不到这一信息。

不过，那又怎样？我们毕竟准确地测量到了电子的位置，能够准确地指出它到底在哪儿。好吧，其实并不能说是准确，因为，我们并不确定到底该用什么样的光。请想象一下，我们要画一幅像林肯便士那么大的画，画笔的笔毛越细，就越容易画微型画。如果你想画更小的画，需要的毛笔也就越细。

不同的光在波长上的改变，和不同的画笔在笔毛粗细上的改变非常像。为了能够看到更小的东西，就需要波长更短的光；被观察物体越小，需要的波长就越短；因为电子极其微小，海森堡就需要使用波长极短的光。这光超出了我们的可见范围，不过却能够利用与检测可见光类似的方法探测到。然而，根据德布罗意方程，光的波长越短，光子的动量越大。因此，为了能使海森堡看到电子，光子就必须具有极大的动量。

有一个禅宗故事，它以"用一根刺来拔除另一根刺"为例来形容寻找真理的过程。海森堡的显微镜中，波长极短的光子和它检测的电子一样大。就是说，即使我们能在显微镜大开的镜头中捕捉到光子的射线，即使我们能够因此"看到"电子的位置，我们也绝对不知道电子的下一个位置在什么地方，我们观察电子的行为已经影响了它的运动。尽管我们知道电子的位置，却无法确定它的动量，不知在它受冲击的这一刻，它的运行速度与运动方向是怎样的。

我们可以试着做一些补救。首先，我们可以使用对电子冲击不这么大的光子，也就是说，使用波长较长的光。不过这一补救方法有一个缺点：我们可能无法准确地测知电子的位置。就像使用粗毛笔刷的画家一样，我们无法画出细致精美的电子画像。第二个补救方法是减小镜头打开的程波长短的光波能够展示出电子的位置，不过电子受到光波的干扰，我们无法确定其运动方向。

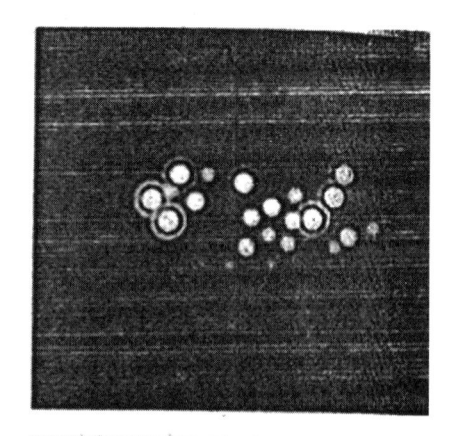

波长中等的光波所提供的信息不如短波长的光波详尽，不过它们对电子的影响不是很大。

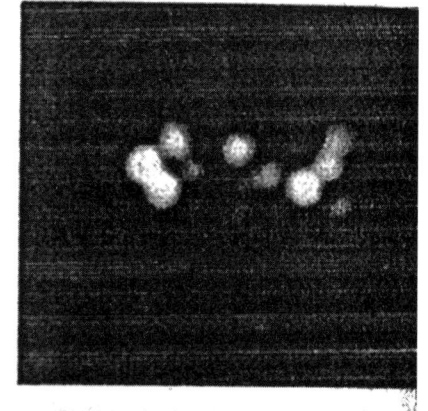

波长较长的光波使图像变得很模糊，我们无法确定电子的位置，不过电子也不会走得太远。

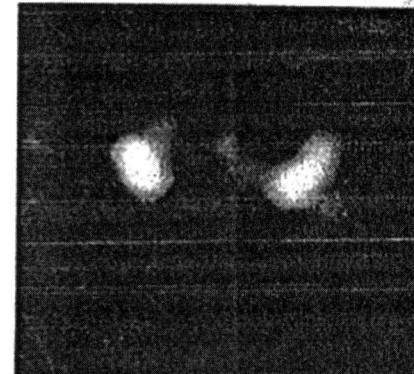

图6-3 衍射如何使电子图像变得模糊？

度，亦即减小光圈。因为进入的光线减少，我们能够更加精确地确定光子与电子碰撞之后的方向。遗憾的是，这一方法也有不足，穿过光圈的光更具波的特性，也就是说，当它穿过小孔时，会发生弯曲或衍射。光通过的空间越窄，弯曲越严重。因此，缩小光圈会使我们获得较少的关于电子位置的信息，因为我们所获取的画面已被弯曲的光线干扰。

如果你曾经试着劝说某个人改变其生活方式，你可能会注意到，他有很多听起来很好的理由认为你建议他所做的改变不会有任何效果。即使他曾经寻找的就是你给他的建议，当你向他提出这一非凡的主意时，他也会给出充分的理由告诉你这个主意是不可行的，那位顽固的朋友——或许你会这样想——早就拿定了主意。与此类似，海森堡也发现了自然所拥有的顽固倾向，好像我们永远也无法抓住他的行踪，我们越了解一个电子的位置，就越无法知道它的前行轨迹与动量，反之亦然。自然是在与我们捉迷藏吗？海森堡可不这么认为。

不要忘了，在这一节的开始，我们曾设定过一个前提，那就是我们只能定义能够测量的事物。因为我们无法同时精确地测量这个宇宙中任何物体的位置与动量，关于"位置"与"动量"的定义就有些站不住脚。怎样才能使这两个概念具有实际意义呢？海森堡声称，虽然"轨迹"这一概念同时明确地蕴含着"位置"与"动量"这两个概念，量子力学却可以保留这一概念。他所给出的理由非常具有挑衅性，他说："只有在我们观察它的时候，轨迹才存在。"

为了理解海森堡的观点，让我们再来看一看玻尔的原子模型。当一个电子在量子数很大——比如第10000条轨道——的轨道上运行时，它的运行方式与经典物理所描述的方式几乎相同。我们用平常的光就能够看到这一运行轨道的大小，其直径大约是1.27厘米。然而，根据对应原理，我们很难观察到第10000条轨道与第10050条轨道之间的区别，这些轨道之间的距离过近，我们无法用平常的光观测到它们的不同，因此，当电子的运行轨道很大时，如果我们用平常的光照射原子，则根本无法确定我们所观察到的是哪一条轨道。

这一电子是否真的运行在某一特定轨道之上呢？换句话说，这一电子在某一特定时间是否真的处于空间中的某一位置？它是否真的沿着某一平缓、连续的轨迹从一点移动到另一点？根据观测结果，我们无法确定电子的真正运行轨道。那么，我们是否依然继续假定它确实在某一轨道上运行？当然，通过观察，我们对电子的了解与知识确实比观察之前要多一些。

怎样才能获得这些知识呢？根据波恩对薛定谔波的诠释，描述电子的波其实是对我们所拥有知识的描述。换言之，波的形状与大小为我们提供了可能会在何处观测到电子的知识。然而，如果我们确实观测到了电子，我们对它的了解就多于观测之前，那么，薛定谔的波一定在形状与大小上都发生了改变，以便与我们知识上的改变相对应。那么，是什么导致了薛定谔波的改变？又是如何改变的呢？

假设我们并未试着去观测电子，那么这一由薛定谔波——符合薛定谔方程的波——构成的脉冲波会不断地扩展，事实上，它们会无休止地扩展下去。与此同时，我们也失去了关于电子位置的信息，尽管我们所使用的光无法帮助我们准确地确定电子的位置，但燃起一根火柴总比单纯地诅咒黑暗要好得多。

一旦我们看到电子反射回来的光，就能够更好地确定其位置。一旦确定了电子的位置，描述该电子的薛定谔波的脉冲宽度就会产生相应的变化。根据波恩的诠释，脉冲宽度是我们对电子位置所了解程度的量度。因为我们现在对电子的位置有了更好的了解，描述该电子的薛定谔波的脉冲宽度就该相应地变小。这意味着，我们对电子的观察行为使得描述它的薛定谔波的脉冲宽度减小。其宽度肯定会变小，因为在光的辅助下我们对电子的了解远比我们在观察前对它的了解要多得多。例如，我们能够看到电子在观测屏的右侧，而不是左侧。我们的观测行为在某种程度上减小了薛定谔波的脉冲宽度。

对这一电子的数学描述并未将这一脉冲宽度的减小涵括在内，我们无法借助薛定谔方程来确定在观测过程中电子的位置。薛定谔方程只能为我们提供大概的讯息，而且是关于我们尚未观察的脉冲波，告诉我们有可能在哪里观察到电子。一旦我们观察到电子，脉冲宽度会因为我们的观察行为而产生不连续的变化。

如果我们利用波长较长的波进行观测，一开始脉冲宽度不会太小。在未被观测的情况下，较宽的波不会快速扩展而变得更宽，因此我们也不会失去太多关于电子位置的信息。

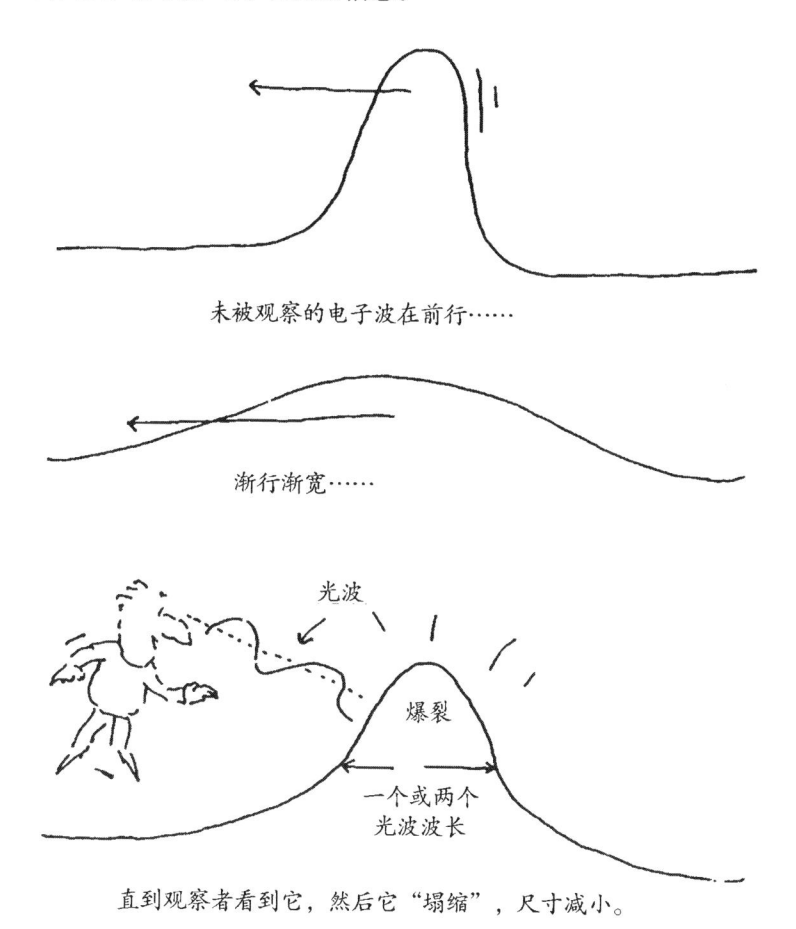

未被观察的电子波在前行……

渐行渐宽……

光波

爆裂

一个或两个光波波长

直到观察者看到它，然后它"塌缩"，尺寸减小。

图6-4 脉冲波的变化

第六章 从未有人见过风

如今的电子工业将电子广泛地应用在各种不同的范围内。工程师们能够很好地控制电子，因为他们使用的是非常宽的电子脉冲波，当然，我们所谓的"宽"是原子量级的，尽管如此，我们却可以在大规模工业化的范围内定义这些量子级的宽波。比如，电子被应用在电视阴极射线管中，描述电子的薛定谔波必须在十亿分之一秒内走过射线管的全程；因为初始波的宽度只是·厘米的几千分之一，所以只有在这极短的时间内，波才不至于变得过宽，而这一微小的"宏观尺寸"比原子尺寸要大一百万倍。我们现在使用的电子显微镜，其工作原理并非基于电子的波特性，而是电子在极短时间内呈现的粒子性以及我们对微小电子波所持的开放态度。

这些现实的想法使得电子看起来像是一个坚实的物体，现实的想法也使得所有与人类处于同一尺寸量级的物体显得"正常"。"扩展时间"（亦即波宽加倍所需要的时间）也依赖于被观察物体的质量，对于质量大的物体——以克为单位来衡量——来说，即使其初始波被定义在百万分之一厘米之内，它也需要很久的时间——几亿万年——才能有一定的扩展。然而，我们并不需要这种又宽又重的脉冲波。那么，窄而轻的脉冲波呢？此处就显出量子力学的威力了，它们会迅速地扩展。

研究电子与原子时，需要将扩展时间等因素考虑在内。扩展时间能够为我们提供一个讯息，那就是，我们的观察结果何时已经开始偏离真实情况。"胖波"变"瘦波"是能够进行任何观察的必要条件。这一不可或缺又神秘不已的过程，对于那些肥重的波来说是可以忽略的，而对于原本轻盈苗条的波来说，却完全不能无视。当然，我此处所讨论的脉冲波指的是那些描述质量轻、可能位置有限的粒子的波。对于此类物体，我们很容易就失去测量讯息，而薛定谔方程是我们能够追踪了解此类物体的唯一数学工具。不过，它并不称职，它只是点明了我们是如何失去讯息的。观察能使我们找回一些失去的讯息，而这一"找回"的过程则是一个不连续的过程。

如果我们坚持认为宇宙是由此类微小物体组成的，那么，对于整个宇宙而言，只有在我们观察它的时候，它才是存在的。此外，我们的观察行为也是有代价的，每一次观察都是一个折中的过程，我们越试着更准确地测知一个电子的位置，就越难确知它的动量，反之亦然。从这一角度看，波恩的诠释正是对不确定性的估量。

这一不确定性意味着，无论我们希望如何准确地测量传统意义上的位置及动量，测量中都会出现不确定性，在这种情况下，预测或决定原子级物体的未来是不可能的。这被称为海森堡的测不准原理，又叫不确定性原理，它与我们这个满是尺寸平常的物体的世界几乎没有什么关系，这些物体几乎不受观察的影响。不过，当我们讨论电子时，测不准原理就是不可避免的了，确实，它是如此重要，甚至连电子的存在也因此受到了质疑。

后来，人们发现，这一原理适用于任何成对的观察实验，就这些实验而言，当我们将顺序颠倒过来进行实验时，它们的实验结果从未相同过，这包括粒子的能量以及测量其能量所需要的时间。

估计你已经想到，测不准原理使得那些连续性论者心烦意乱，它预示着机械性模型的终结。如果每次我们改变观察的方式，宇宙都会产生相应的变化，这一宇宙怎么可能是机械的呢？换言之，怎么可能存在机械宇宙呢？先确定一个电子的位置，然后再试图测出电子速度，与先确定电子速度再找出其位置会得出截然不同的结论。一个机械性的宇宙又怎么可能是不确定的呢？

要想回答这些问题，就要对此提出明确的观点与看法。就是说，是辩论的时候了！而辩论的结果注定要改变整个物理学的历史。

第七章　对不确定性的抵触

世界上除了"不存在任何法则"这一法则外，不存在任何法则。

——约翰·惠勒

　　海森堡的测不准原理还有一种诠释方式：观察就是干扰。海森堡提出这一原理之前，人们普遍认为"外在世界"基本不受观测者的影响。生活在一个依赖于观测者的宇宙中，这一想法不仅颠覆了物理界，也使人们的头脑发疯。两千年过去了，现代物理面临着和古希腊人一样的困境，这就是芝诺与他的箭。箭是如何运动的？连续性论者宣称这一运动是连续的，无需观察者的任何帮助；不连续性论者认为，这一运动是跳跃性的，而且还得到了观察者一些少许的、不可避免的帮助。

　　1927年10月，关于观察者所扮演角色的问题将三十多位著名的物理学家带到了一起。他们齐来参加第五次索尔维会议（以赞助这一会议的比利时实业家欧内斯特·索尔维命名）。前四次索尔维会议也同样是讨论新量子力学，不过这一次可是真正的决一胜负，它标志着最怪异的辩论的开始，为了了解这一世界的真相而进行的辩论。这次辩论的主角是支持不连续性的尼尔斯·玻尔与捍卫连续性的阿尔伯特·爱因斯坦，参与者还有波恩、德布罗意、海森堡、普朗克和薛定谔。也因此，这次会议是关于当时最重要的问题的一次最高层次的讨论：新量子理论的意义。

　　第一位进入竞技场的角斗士是德布罗意。他辩论的是物质波的真实本质。物质波当然是概率波，不过，它也同时是引波，决定着粒子在时

图7-1　1927年第五次索尔维会议的与会者

空中旅行的轨迹。在这种圈子里，反对一个观点其实很简单，唯一需要做的就是不去为此辩论。一年后，德布罗意放弃了他的"导向波"理论。事实上，1928年秋天，当他在巴黎大学科学院任职时，他甚至认为不该教授这些知识。

继德布罗意之后，波恩和海森堡向大家展示了对薛定谔波的概率诠释，众人对此高竖大拇指。然后轮到薛定谔出场，他带给大家用以描述由多个互相影响的物体所组成系统的波动力学。这次会议的巅峰是一场广泛的讨论，此时，最初的交锋已经结束。擂台大师亨德里克·洛伦兹在他的致词中表示了不满，对一些人排斥大多数发言人所倡导的决定论表示不满。真正的交锋开始了，洛伦兹请玻尔为大家做演讲，玻尔在开场白中陈述了他关于波粒二象性的最新想法，他的话明显是讲给一个人听的。阿尔伯特·爱因斯坦以前从未听说过玻尔的波粒二象性理论——玻尔将这一概念称为互补性。爱因斯坦并未参加此前的辩论，即使是现在，直到玻尔的演讲结束，他依然保持沉默。

终于有几个人忍不住站了出来。波恩请大家考虑一下将物质之粒子性与波动性协调起来的问题，他以海森堡对原子内部电子的观察为例，每一次电子"被看到"，脉冲波立刻就变瘦一些，重新限定在光波波长所允许的范围内。光的波长越长，光对运行在轨道上的电子的冲击影响就越小。我们无法准确地确定电子的位置，其薛定谔波比较大，足以涵括电子的几个可能运行轨道。然而，我们的观察结果却是一致不变的，是我们的观察行为将这一粒子限定在某一位置。

可是，这到底是怎么一回事呢？根据薛定谔方程，该脉冲波应该继续扩展才是，即使有光与其发生相互作用亦如此。薛定谔方程并未描述光照在正在运转的电子上时我们会观察到什么现象，它只是讲述了观测到电子的概率。只要光的波长适当，使我们能够借助它观察到电子，决定电子位置的就是我们的实际观察行为。换句话说，薛定谔方程表述的并非所发生的真实情况，而是潜在性，或者说可能性。

问题是，受到观察时，这些正在扩散的波又是如何重聚在一起呢？此现象被称为波函数塌缩。那时，量子力学的数学模型并未将塌缩考虑进去，但是，如果我们对波的描述是正确的，那么，就必然会出现塌缩。与会的几位物理学家试着解释塌缩现象，其中一人提出了一个新的理论：不会出现波函数塌缩的多维空间。正如波恩所承认的："这并未解决我们的基本问题。"

就在这时，爱因斯坦走上了擂台。他站起身来对与会者说："我为未曾深入思考过量子力学而感到抱歉，尽管如此，我希望能够泛泛地讲几句。"其实这一天的种子早在七年前，在1920年的春天便已播下。现在，辩论正式开始了。爱因斯坦很清楚玻尔的模糊之处，他请与会者想象并思考一个实验，这是之后一系列"思想实验"的首例。这一思想实验简单易行，他请在座的人想象一个粒子飞过一道窄缝。此时，与该粒子相关的波一定会发生衍射，就像将石子掷入水塘时产生的波纹一样，该波必定会扩散。窄缝后是一道易感光的半球形屏幕，该屏幕起着粒子探测器的作用，当粒子经过窄缝后，必定会落到屏幕上的某个位置。粒子的到达可被看做是一个事件，粒子抵达屏幕上任意一点的概率取决于波的强度。

在场的每个人都对此表示同意，玻尔亦然。爱因斯坦继续说，关于这一现象可以有两个截然不同的观点。第一个观点，波并不代表一个单独、孤立的粒子，而是一组散布在空间中的粒子。波的强度与我们平常对"强度"一词的诠释相似：类似事件的大量出现，它代表着概率分布，并不比一张保险精算表或者各州及各城市之年龄及性别分布的统计表更神秘。如果第一个观点是正确的，那么波只是描述了我们对事物的缺乏了解或者说无知，仅此而已；而物质则是因某一原因而产生相应的行为，并因此在空间与时间中运动。不过，第二个观点也可能是正确的。

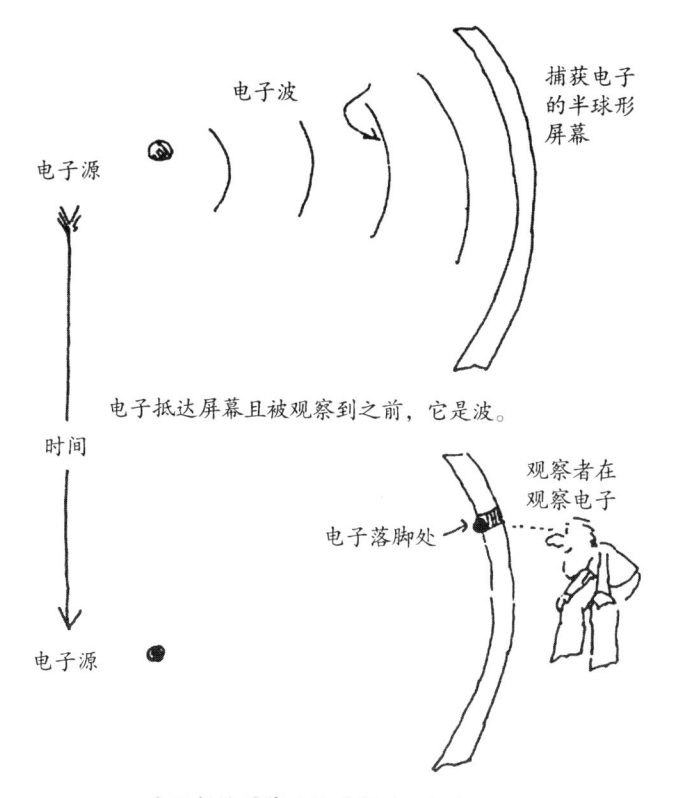

图7-2 爱因斯坦的思想实验

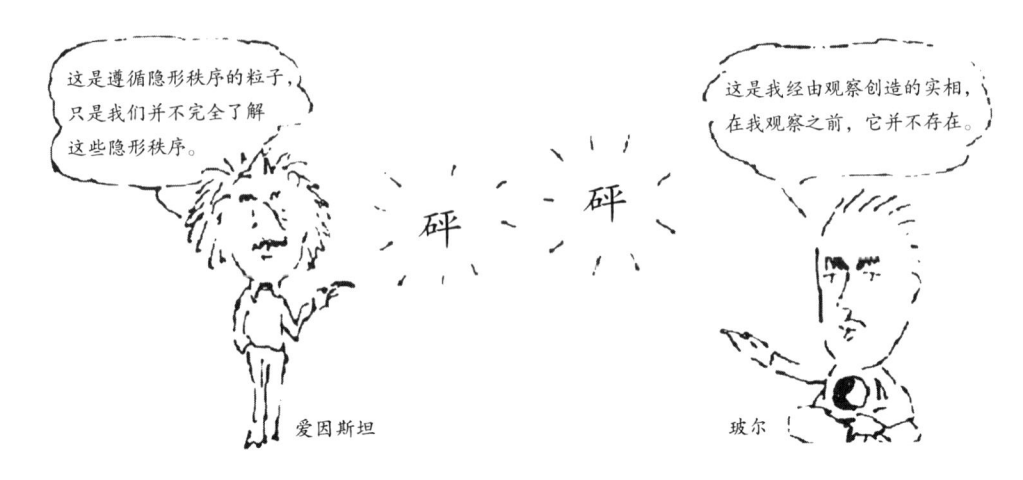

图6-3 玻尔与爱因斯坦的辩论就好像是宇宙的左脑与右脑正在对话。

根据第二个观点，我们能够觉察到任何事物，而且量子力学对于单一事件的描述是完整的。粒子是朝向屏幕运行的波，因此，爱因斯坦反对说，粒子可能会落在屏幕上任意一点，且出现在各点的概率几乎相同。然而，粒子最终会局部化，忽然出现在屏幕上的某一点。"在我看来，"爱因斯坦娓娓道来："我们无法解决这一难题，除非能够有一些对粒子定位的详细说明来补充薛定谔的波理论……（观点二）与相对论是冲突的。"

最让爱因斯坦心烦的是波的塌缩。他想象波就像我们在海上冲浪那样在屏幕上前行。根据观点二，则会出现一种怪异的超距作用，它阻止波在同一时间抵达海滩上两个或两个以上的位置。因此，整个波就像精灵钻入瓶中一样，忽然塌缩，冲上海岸线上的某一点。因此，爱因斯坦决定支持第一个观点。

两个观点的区别在于维持这个物质实相之精美平衡的关键支点。尽管这在实验层面上不会有什么后果，但是却有着深远的影响。观点一认为存在着某一机械性的不明控制参数，称为"隐变量"。观点二则否认还有任何进一步探讨的必要，它不认为诸如"隐变量"等参数有任何用处。

尽管这两个观点是以现代量子力学的术语表达出来的，它们与古希腊的"连续性与整体"以及"不连续性与整体"的说法并没有什么不同。连续性论者认为整体是其组成部分的总和,任何貌似的不连续性都可以通过连续运动——从一点到另一点的平滑的数学过渡——来描述,在这一点上,爱因斯坦与亚里士多德意见相同,他们的观点再次强调了因果关系、连续性以及确定性的宇宙。

观点二由玻尔提出,不过芝诺深表赞同,它否认上述特性。无需去解释波的塌缩,波并不是终极的实相,粒子也不是,实相本身也不是终极的实相。确实存在着一个完整无缺的整体,不过,一旦我们这些观察者试着去分析它时,它就会显得相当的荒谬且似是而非。当我们试着将事物分解成各个组成部分时,就不可避免地干扰了宇宙。玻尔认为,只要我们不去观察波,它就不会塌缩,也自然不会观察到波的塌缩现象。他将分析看做是观察,而观察本身根本就是不连续的事件。我们无法将它与过去所发生的事件连在一起,与过去事件的联系既不现实也不真实。

尽管玻尔的理论显得有些难以理解,且难以证实,它却为如今被称为"量子力学哥本哈根诠释"的理论奠定了基础。哥本哈根诠释目前已被正式接纳,它所描绘的实相比我们所能想象的还要怪异得多。我们的头脑中充满了记忆以及对安全感的渴望,因此我们天生就有一个渴望,渴望万事万物都是连续的。然而,测不准原理——又称为不确定性原理——彻底打碎了我们的梦,所有的物理过程都是不可预见的,没有任何一个物理过程符合机械性模型所描述的特性。

这并不是说我们就要扔掉所有的机器。恰恰相反!因为普朗克常数的微小,我们的机械模型能够漂亮地描述宏观物体,这个微小的h是上帝赐予我们的礼物。不过,我们不能忘记,我们才是宇宙创造之舞的艺术家。如果h稍微大一些,我们便会陷入终极的混乱。感谢h是如此的微小,我们才有适当的自由去创造我们想创造的任何事物——几乎是任何事物。而到底什么是我们的极限,则是一个我们尚在探讨的问题。

我们的理论只是对实相的近似描述。海森堡的测不准原理解释了这

第七章 对不确定性的抵触

些描述的局限性;玻尔将其理论称为互补原理;波粒二象性以及对二象性的描述,比如波的塌缩和粒子的跃迁,只不过是对这一实相表面的两种互相对立的理智构想之间的冲突罢了。

我们需要一些时间来详细解释玻尔的互补理论,第八章中我们会专门讨论这一点。爱因斯坦并未屈从于玻尔的观点,恰恰相反,他反而更加坚持"宇宙是有序的"这一观点。他决然地宣称:"上帝不掷骰子"。在他的晚年,爱因斯坦一直故意和玻尔的不连续性观点唱反调。

玻尔的观点为我们对宇宙的理解提供了一个全新的视角。不仅如此,他也将这一互补理论拓展到生命科学中。他认为人文科学与自然科学之间并不存在真正的矛盾,它们表面上的差异无外乎是波粒二象性的一个复杂形式而已。例如,人类学认为人类的选择行为大致可以分为直觉思考与理智思考两种模式,我们可以将直觉看做是没有历史经验以供参照、不期而至的不连续性,理智呢,则是一个建基于逻辑与连续性的过程。在研究原始文化的过程中,观察者必须觉知,他在从这些文化中提炼"理由与逻辑"的过程中,也对这些文化产生了干扰。

在后续的章节中,我们将继续对比玻尔与爱因斯坦的观点。他们对彼此观点的抵触导致了大量的新想法,科学家们在许多生命的林荫道——此前人们认为它们是如此迥异——之间铺建了激动人心的平行线。尽管玻尔与爱因斯坦都已撒手人寰,他们之间的辩论却并未停息。确实如此,连续性与不连续性之间的战争永不会停火。

第三部分 外面真有一个外在世界吗?

第八章　宇宙广厦之互补

> 我是否自相矛盾？
> 好吧，
> 确实如此，
> 因为我伟大，
> 包罗万象。
>
> ——瓦尔特·惠特曼

创造的艺术：观察

当我们谈论"实相"时，我们到底指的是什么呢？通常是指我们能够感知的这个世界。外在世界是由我们在日常生活中能够看到、听到、尝到、闻到和触摸到的真实、坚固的物体组成的。我们想当然地认为，即使我们没有观察这些事物，它们也会以我们所感知到的方式存在，我们的观察只不过是在核实已经存在的实相。

然而，这好像不是量子力学想要告诉我们的。量子力学预示着一个极端的背离，背离所谓的经典力学传承。当然，后来被称为哥本哈根学派的理论以及玻尔的互补原理也不例外。根据互补原理，一个实相在被观察之前并不存在。而我们对实相的观察在某种程度上则是矛盾、二元且充满悖论性的，我们当下对实相的瞬间体验不会显得有一丝一毫的悖论性，只有当我们这些观察者试着去回顾、建构觉察过程时，实相才显

从左向右依次为：
恩里科·费米
沃纳·海森堡
沃尔夫冈·泡利

图8-1　玻尔于1927年宣告其互补原理后，新一代物理学家齐聚一堂。

得荒谬与似是而非。

实相之所以呈现出悖论性是有原因的，至少，就物理学家们观察到的原子实相而言，我们与我们所观察的外在实相之间并不存在明显的分界线。恰恰相反，实相取决于我们在观察过程中所做的选择：观察什么以及如何观察；而这些选择则取决于我们的心智，更具体地说，取决于我们的想法；而我们的想法又取决于我们的期望，我们对连续性的渴望。

对自然的描述，无论是波理论还是粒子理论，都体现了我们对连续性的渴望，它们代表着我们试图以基于连续性的画面与机械性的思想来理解物质实相的最大努力。当我们观察原子规模的物体时，无论我们观察的是什么，都会瓦解这一连续性。其结果有二：一、它在我们的头脑中创造了一幅原子级物质的画面，二、它同时显明了这一画面的不完整性。我们的想法导致了这一不完整性，因为我们无法长久维持这一画面。

我将这些对于观察的担忧称为"心智创造实相"，其实这是创造性的行为。你看，我们所观察的许多事物并未被我们的观察行为所干扰或影响，观察行为对大象和棒球的影响完全可以忽略不计，因为我们是在普通光线下观察这些庞然大物。此处，测不准原理所起到的作用微乎其微，我们可以毫不困难地同时观测它们的位置与动量。然而，我们不能不假思索地假定当我们观测电子时，我们的观察行为也不会起任何干扰作用。此外，因为电子既在我们之内，也在我们之外，可以想象，我们对自身的觉察也对我们的所作所为有着相当的影响。

下面这些例子与类比所涉及的都是大多数人并不熟悉的观测世界，因此，我决定在例子中使用大家都熟悉的普通物体以作为补偿。不过，读者们一定不要忘记，关于这些物体的想法与结论都是量子力学层面上的，这些普通物体都在玻尔互补原理的安全范围内，我们完全能够运用经典力学的思维方式来描述这些物体的运动。

然而，如果我们决定将我们的所见所为都纳入新物理的范畴之中，那么就可以说，在某种程度上，只要我们保持意识觉知，生活中的每一刻，我们都在创造实相。我们借由从生命不断提供给心智的各种选择中做出决策来完成创造。因此，在实相的量子层面上，当我们选择"看到"我们所看到的事物时，实相就是既充满悖论性又合乎情理的。我们的观察行为即是我们所体验到的"日常世界"。

这种思维方式对于西方世界来说颇为新颖。当物理学家们发现他们对原子世界的观察引入了二元性——一种双重或者说悖论性的观看方式——时，这种新的思维方式呈现了出来。现在我们来看一看，对这个世界的观察是如何同时导致并消除这一悖论的。让我们先举一个例子，我将其称为"悖论性的立方体"，这一著名的类比对于艺术家维克托·瓦萨雷里和毛里茨·埃舍尔来说，是再熟悉不过的了。

然后再看一看物理学家们的头脑，我们一起进行一项思想实验，来探讨实相的二元性。这项称为"宇宙广厦之互补"的实验表明，一切物体都以既互补又矛盾的方式运作：它仿佛具有粒子性，有其精确的位置；它仿佛也具有波动性，无法确定其精确的位置。至于物体到底以何种方式呈现出来，则取决于我们心智所做的选择，实相如何，就看我们

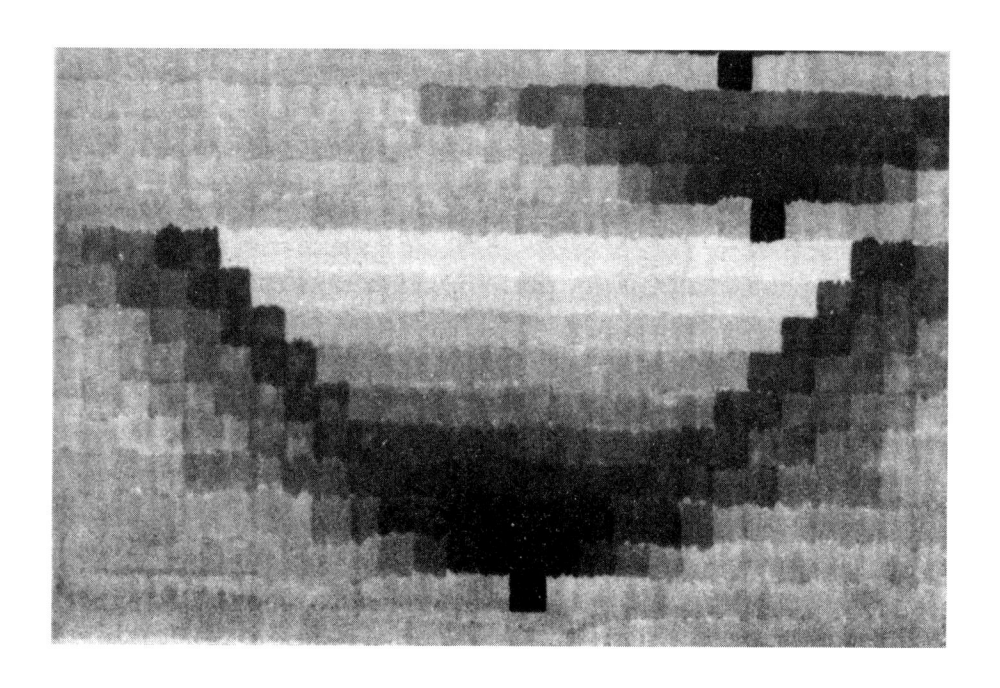

图8-2 三次观察：粒子出生，重生，再重生。

如何选择了。

意识到我们所体验到的实相其实是我们从"一套套"二元或互补的可选项中做出的选择后，我们将看一看自己又是如何成为我们所做抉择的牺牲品的，我们将一起借由"魔术师的选择"这一例子来看看成为牺牲品的过程。这个例子将展示给我们悖论性的另一面：无论我们做何选择，这一选择仿佛早就是预定好的。换句话说，我们似乎根本就没有选择的权利。

然后，我们将利用"思想实验"来重新检视物理学家的心智，看一看原子世界怎么好像是在我们之前就是预定好的了，甚至在我们意识到自己就是决策者的情况下亦如此。我将这个例子称为"消失的观察者"。

接下来，我们再以"纽科姆的悖论"为例，探讨一个借由选择来创造实相的貌似变魔术的过程。我们将为这一关于"全能的存在"相对于"客观实相"的假定悖论提供一个量子解答——或许这还真的是破天荒的第一次，根据玻尔的互补原理，这一解答是：实相在被选择前是不存在的。

上述所有这些例子都会帮助我们理解为何宇宙看起来既从根本上是自相矛盾、混乱与不确定的，又同时是符合逻辑、有秩序且可确定的。

自相矛盾的立方体

物理学家们发现，我们的宇宙遵从量子力学的定律。根据这些定律，这个物质宇宙根本就是自相矛盾的，我们的宇宙仿佛同时由某些事实及其对立面构成。

然而，我们仿佛并没有觉察到这一悖论性。为什么没有呢？因为当我们观察某一事物时，我们要么看到这一事实，要么看到它的对立面，却无法同时看到二者。如果没有我们的观察行为，宇宙将会按其愉悦、神奇、自相矛盾的方式继续下去，事实与其对立面天然地混杂在一起。这一混杂是必需的，没有它，"真实"的世界永远不会出现。观察者所扮演的角色与亚历山大相同，当他面对戈尔迪死结时，他只是简单地抽剑将其劈成两半，而不是困在这个极具挑战性的盘旋结构之中。

那么，观察又是如何进行的呢？让我们来看一看"自相矛盾的立方

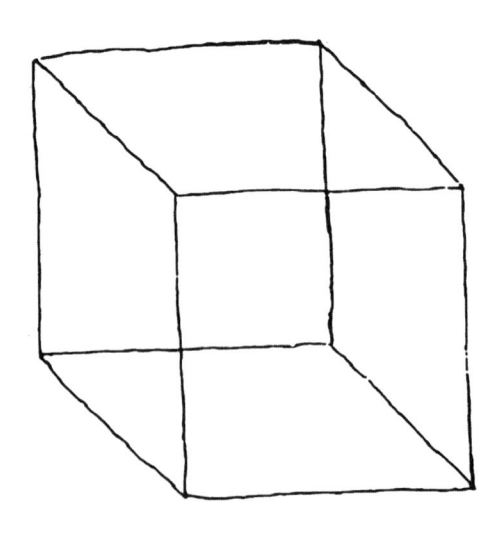

图8-3 自相矛盾的立方体

体"这一插图。哪一面正对着你？首先，你可能会先看到最上方的正方形，就好像你正在向上看这一立方体。不过，如果你再看一眼的话，你会发现自己忽然正在向下看，而最下面的正方形就好像忽然冒出来一样，离你最近。作为观察者，你有权自行决定如何观察这一立方体，正是你的观察行为解决了这一悖论性。根据量子物理，关于物质宇宙的所有悖论都是以类似的方式——观察——来解决的。

不过，还有另一种观察实相的方法。让我们再看一看这张插图，插图中所画的是立方体，这本是一个幻相，该图其实只是由8个点以及12条连线构成的抽象图案。当你将这一抽象图看做是一个立方体时，你就不得不做出选择：哪个面在前，哪个面又在后呢？而当你仅仅将这张图看做是一个抽象的形式时，就不存在任何选择的可能。

在这一抽象形式中，可以说，图中上面和下面的正方形都同时处于既在前，又在后的状态。而如果将其看做是立方体的话，你作为观察者，就创造了一个体验，体验到这个二维形式忽然有了前、后两面。你的观察行为在你的头脑中创造了一个画面，亦即这是一个"立方体"，而将这一"立方体"看做是由8个点与12条连线组成的抽象图案则是将其看成有前、后两面的"立方体"的补充。只有当身为观察者的我们习惯性地认为我们所看到的一切肯定都是实体，并坚持认为它确实是一个实心立方体时，它才成为一个自相矛盾的立方体。这时，这一立方体仿佛从一个视角"跳"到另一个视角，就好像在对我们要把戏。

两位艺术家，毛里茨·埃舍尔和维克托·瓦萨雷里借由我们已经形成的思维方式，用各种自相矛盾的实相图来挑战我们。下面展示的埃舍尔制作的图中，我们看到一个人坐在长凳上。在方格地板上，有一张皱巴巴的画，上面画着一个自相矛盾的立方体。不过，请看一看这个人手中拿着的"立方体"，尤其是他手握的木框，它们在空间中自相矛盾的位置使他感到困惑的程度，绝不亚于物质实相使物理学家

第八章 宇宙广厦之互补

感到困惑的程度。

尽管这自相矛盾的立方体只是量子力学抽象世界的一个类比，它却展示了我们的观察行为所经历的双重性或者说二元性。借由量子力学，物理学家们发现这个世界就像那自相矛盾的立方体一样，也能够以互补的方式去认知，这种认知方法被物理学家们称为互补原理。互补性意指二元性，例如红之相对于绿。互补原理提醒我们，当我们观察某一物体的红时，对它的绿则视而不见，反之亦然，而任何既红又绿的物体在我们眼中都是灰色的。

与此相似，我们生活的这个物质宇宙也具有互补的本性，亦即波粒二象性。下一节中，我们将观察一下一位物理学家在进行"思想实验"时的大脑活动。"思想实验"是借由想象进行的实验，其实验结果是已知的。人们在进行真正的实验之前，常常先进行思想实验。在下述"实验"中，物理学家所面对的就是互补性。

图8-4　毛里茨·埃舍尔的作品《望楼》中的一个细节

波粒二象性及互补原理

物理学家们发现，我们的物质宇宙，或者说"宇宙广厦"，就像那自相矛盾的立方体一样：可以以两个截然不同的方式去观察它。我们可以以粒子论的观点来看待它，也可以认为它是由波组成的。这两个不同的观察方式是互补的，就是说，我们不能同时以这两种方式看世界，我将其称作"宇宙广厦的互补性"。

面对波粒二象性这一问题，一些科学家们开始怀疑物质世界的粒子性，认为波动性理论是对物质世界的更佳描述。当然，并非所有的物理学家都这样想，我们在日常生活中所体验到的粒子般的坚实性早就构成了一个令人信服的画面，不过，一味执着于"这个世界由坚实的物体组成"的"坚实"证据，却会将我们引向一个悖论，其悖论性与上述的立方体有着异曲同工之妙。

当我们说"物质实相的粒子本性"这句话时，我们到底指的是什

图8-5 维克托·瓦萨雷里的作品"MEH"展示了众多互斥又互补的视觉实相的组合。

第八章 宇宙广厦之互补

么?现在,请先停止阅读,随手拿起你身边的任一物品。将它拿在手中,比如,我刚刚拿起了一支铅笔,当我将它夹在指间时,我很感谢它的坚实。它给我一种安全感,知道它确实存在,就在我的手指间,而不是什么虚幻缥缈的东西,我可以信任它,信任它所扮演的角色:铅笔。过了一会儿,我开始对它的坚实感到厌倦,于是我把它作为玩物来玩儿;或许我会将它一折两半,看看它是由什么做成的,直觉告诉我,它一定是由什么"东西"组成的,我想看一看它的内部。我渴望获得更大的安全感,更高的坚实性、可靠性和确定性。我在这宇宙铅笔中寻找那终极的"东西",于是我不断地破坏这支铅笔,来寻找更大的安全感,寻找构成这一"铅笔本性"的基本构件。然而,我的手指实在是太笨拙了,实在无法抓住我能找到的任何基本构件,因为它们实在太小。而且,我也必须改善我的测量仪器,必须有比我的手指要精细得多的镊子,不过问题是,找到镊子后,我发现它和我的观测对象竟是由相似的"东西"构成的。

尽管如此,我继续检测这支铅笔。我把它放在烤箱里,将它缩小成铅笔原子。通过加热,我使构成铅笔的原子互相独立出来,以能够更好地观测它们。然后我让这些铅笔原子经由一个小孔"自由地"流出烤箱。我不再用镊子,而是使用一个黑色的屏幕,屏幕上有一个非常小的开口。原子们沸腾地奔出烤箱,它们中的大多数都一头撞在屏幕上,偶尔会有一个原子穿孔而过,而我的另一个屏幕正等着捕捉它呢。我的捕捉屏上涂着一层对原子极其敏感的涂料,就像电视屏幕内侧一样。只要电子击中屏幕,就会在上面留下一个斑点,从这个斑点我就能够知道原子确实在那里了。

不过,发生了一件非常怪异的事情。虽然我已将黑色屏幕上的孔与烤箱的开口对齐,但是我发现原子穿过黑屏上的小孔后,并不继续沿着这一直线轨迹运行。我自然而然地想,或许这个小孔太大了吧,原子是如此的小,它可以经过小孔中的任意一点,因此,也就会落在白色屏幕

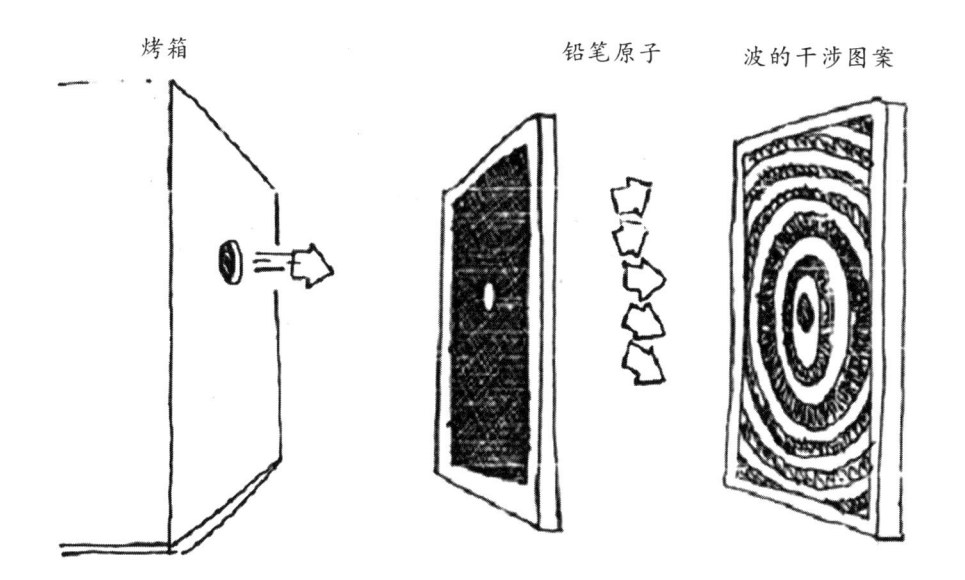

图8-6 烤箱制造的铅笔原子穿过一道黑色屏幕，在白色屏幕上形成环形干涉图案。

上的任一点。于是，我减小了小孔的截面积，这样，只有沿着烤箱开口与黑屏小孔之间的连线运动的原子才有可能穿过小孔，并继续沿着这一直线运动，直到它击中第二道屏幕——白色屏幕。

然而，我不仅没有改善情况，反而使情况变得更加糟糕。我越减小黑屏上小孔的直径，偏差越大，穿过小孔的原子在第二道屏幕上留下的痕迹也更加偏离那条直线轨迹。我越试着用黑色屏幕上的小孔像卡钳一样夹住原子，它们越变得滑溜溜的。

我猜想，或许宇宙在试图告诉我什么吧。我边思考宇宙带给我的讯息，边心不在焉地离开了，忘了关烤箱。就在我苦思冥想之际，原子继续飞出烤箱，经过烤箱的开口，一路前行来到第一道屏幕，并穿过上面的小孔，抵达第二道屏幕。几百万原子走过了同样的旅程，从烤箱出发，穿过第一道屏幕上的小孔，来到第二道屏幕。

忽然，我想起忘了关烤箱，于是我飞快地返回实验室，关上烤箱。然后我下意识地看了一眼第二道屏幕，它收集了所有的几百万原子。当我看到那些原子——那些独立的铅笔粒子——在第二道屏幕上留下的轨迹时，不禁大吃一惊。映入我眼帘的并非一个模糊的小斑点——第一道屏幕上小孔的映象，而是一系列美丽的同心光晕，一圈圈直径逐渐增大、以烤箱开口与第一道屏幕上的小孔之间的连线为轴的同心圆环。

我认为，这种图案不可能是独立的粒子单独行动所产生的结果，这些原子一定有共谋。于是我开始测试我的推论是否正确，我重新开启烤箱，观察图案的形成。那些原子一个个地在屏幕上留下斑点，这些斑点的出现是随机的，不过，它们却好像知道该落在什么地方才会形成环状的图案。为什么没有一个原子落在圆环之间的空间，使这一环形图案变得模糊不清呢？不知为何，它们并没有这样做。

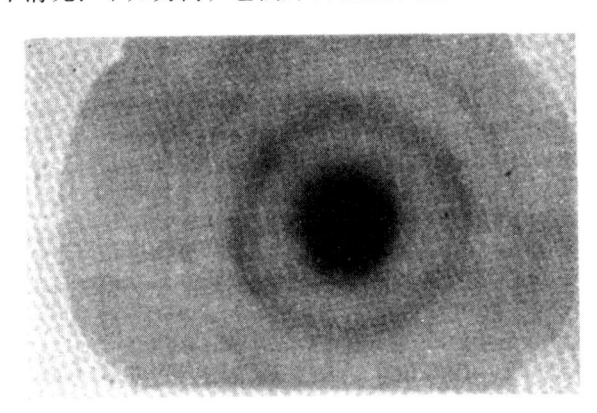

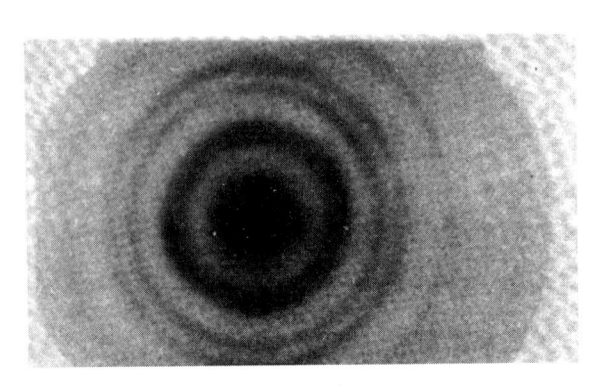

图8-7　两张早期的电子干涉波图案的照片（摄于1927年）

我的心智忽然忆起，我以前似乎看到过此类图案，在孩提时期。那是芝加哥炎热的夏日，暴风雨刚过，一辆推土机停在我家后面的空地上。雨水积满推土机挖出的洼坑，形成一个大水洼，我坐在水洼旁，百无聊赖地向里面扔石子，每个落在这一微型池塘的石子，都会激起不断扩大的环形涟漪。有时，我同时扔下两粒石子，并为看到的现象深感惊讶，两套不同的波纹不再保持其独立的特性，而是互相干涉，形成与原有图案迥异的新图案。

我认定那些铅笔原子也一定会产生波，就像蟾蜍变王子一样，那些原子也一定被施了魔法，从一个微小的实体粒子变成了可以在空间传播的波。这样，我就可以很好地解释出现在第二道屏幕上的环状图案，它是由互相干涉的波形成的。

值得一提的是，这些波的图案本是无法观察的，除非我们刻意去检测它。原因如下，每个单独的原子只会在屏幕上留下一个很小的斑点，提醒我们去观察思考的，是所有原子留下的痕迹合在一起所形成的整体图案，这些"波"的图案其实是对这些个体"粒子"斑点的补充。

现在让我们再回头看看那个自相矛盾的"立方体"。你将这个立方体看做实体的每一眼，就像是在分别观察每个单独的原子在屏幕上留下的斑痕。看了这个立方体几眼后，它就在你的脑中形成了一个图案。对于它的抽象图来说，你已经不再将组成立方体的各个面区分开来，不再将它们看做是单独的"面"，你看到的是一个总体波动图案。我们也以同样的方式看到原子在屏幕上留下的波动环状图案。

当然，还有许多日常生活中的例子能够向我们展示这一互补性。比如俗语"只见树木，不见森林"，再比如个人权益与国家权益之间的关系，同样展示了互补性。重要的是，这一总体图案不是随机的，它非常有组织性，以组织的形式运作，就是说，如果试图创造这些干涉图案的办事员只是一些随机凑在一起的独立热粒子，就不会形成干涉图案。可是，粒子本就是独立的。可见，物质并不像我们平常所想的那样行事。

一切万物都具有波粒二象性，包括光，不存在任何例外。我敢肯定，玻尔会同意，我们人类也具有波粒二象性的本质。自然是二元的，它的运行遵从互补原理。物理学家可能会这样说：任何系统的最基本物理特性都必须用该系统的两个互补面向来表达，这两个面向是互补的，我们越借由其中一个面向来描述或定义该系统，对另一面向的了解就越少。

互补原理的问世为我们的思维方式带来了翻天覆地的变化。它告诉我们，并不能信任自己的日常感受来获得对实相的全面了解。我们所体验到的任何事物中，都存在着一个隐蔽、互补的面向。

然而，这一隐蔽的面向其实并不存在。例如，正面朝上落在地上的硬币，它那隐蔽、互补的面向其实并不是真的，除非它在硬币落地的那一刻展现出来。我们在这个世界中的所有行为其实都是这样两个对立面的折中。我们越确定这个物质实相的一个面向，对另一个面向的了解就越少。对于我们日常生活中的物体，这一折中可以说代价比较小。而对于原子量级的物体，这一折中的代价可就大了。当我们试着通过屏幕上的小孔精确地确定一个铅笔原子的位置时，就等于是放弃了确定其下一时刻运动方向的一切希望。我们无法在确定其位置的同时，也确定其动量。

缩小第一道屏幕上的小孔，反而使干涉波在第二道屏幕上的扩散程度更

图8-8　波的干涉图案

加严重，孔径越小，图形扩散得越厉害。如果我们从粒子性的角度来诠释这一现象，就不得不面对"无法准确地测量粒子动量"的问题；而如果我们从波动性的角度来诠释这一现象，我们看到的则是波经过狭小的开口时产生的"波的弯曲"或者说衍射。最终，波的图案会扩散得如此严重，我们根本无法确定我们所观察的到底是什么。

如果我们加大小孔的孔径，穿过小孔的原子的位置则变得更加不易确定。不过，这一折中还是有补偿的，我们发现干涉图案变得"紧凑"，图案被挤压，尺寸变小，同心圆之间的距离变小，更靠近彼此。我们越扩大小孔的孔径，同心圆变得越紧凑。现在我们能够确定原子通过时的波长。根据德布罗意公式，动量p和波长L彼此关联：p=h/L，因此，确定了原子通过时的波长，也就确定了其动量。

如果我们继续增大小孔，便会失去原子通过小孔时其可能位置的一切信息，我们再也无法确定原子从小孔中的哪一个位置通过。不过，这也是一种折中，我们能够更好地观察屏幕上的图案。屏幕上的干涉波图案变得非常紧凑，各个同心圆环之间的空间完全消失。我们看到的是这一孔径较大的孔在屏幕上形成的清晰阴影线。每个原子都沿着直线穿过屏幕上的孔，我们可以精确地确定其动量。借由改变第一道屏幕上小孔的大小，我们就改变了原子的实相。在我们观测其位置之前，原子的位置并不确定；在我们观测其动量之前，原子的动量也不确定，小孔的大小决定了我们能够确知哪一个物理量。

我们测量原子的位置时，它的动量是否是隐藏不见的呢？当我们测量原子的动量时，其位置是否又隐藏起来了呢？当然，这里的"隐藏"并非我们对这个词的惯常理解。这二者，动量与位置，都潜在地存在，只不过尚未真正地存在，直到有人试图去观测它们。我们采取的折中方法则决定了彰显的是实相的哪一方面，其波长（动量）还是粒子（位置）？而且，如果小孔大小适中的话，我们会对这两个面向都有一定程度的观察。

从某种意义上讲，我们永远不会丢失任何信息；恰恰相反，我们塑造这些信息。也就是说，我们改变潜在实相，使其成为现实，成为真正的实相。而隐藏于我们观察行为中的面向依然是潜在地存在的，因此，虽然动量看起来是隐藏起来的，但它必须是潜在的，这样才能产生干涉图案，因为这一图案必须通过波的干涉才可能形成，而不是通过粒子的碰撞。因此，尽管在实验过程中，我们未获得对其波动性的了解，不过却以某种方式保留了关于波动性的信息，它被保存在一个完整的互补画面中，亦即德布罗意公式所描述的波之画面：p=h/L。

海森堡将这一潜在实相与其不确定性原理联系在一起，并将其称为第三实相或中间实相。他写道：

事件的发生并非事先霸道的预定，与此相反，一个事件发生的可能性或者说倾向具有一定的现实性，是某一中间层面上的现实，介于庞大厚重的物质实相与想法或画面的精神实相之间，这一观点在亚里士多德的哲学理论中起着主导作用。现代量子理论为这一观点赋予了新的形式，物理学家们对其进行了确切的阐述……将其看做是一种可能性，一种遵从自然法则的可能性。

这一潜在的实相可供我们选择，我们称之为"现实"的经历取决于我们所做的选择。我们采取的每一个行动都是选择，即使有时候我们并未意识到自己刚刚做出了某一选择。我们没有觉知到自己在电子及原子层面上的选择，这在我们心中导致了一个幻相——对机械性实相的幻相。如此这般，我们仿佛只是某一"更高存在"心血来潮、突发奇想的受害者，是完全受制于命运——我们无法自行决定的命运——的受害者。

魔术师的选择

在命运主宰一切的世界中，"选择"没有任何立足之地。人与其他所有的事物一样，无论是否有生命，都必须遵从一条惯常、预定的道途，不允许有任性的行为。或许，你会觉得自己曾经的行为都是自己自由的选择，不过事后看来，你可能发现其实你根本不会做出其他的选择。另一方面，当你回顾过去时，可能会希望自己当初做出不同的选择；现在，再仔细回顾一下，毫无疑问，你会找到一些小理由或者一些貌似合理的道理令你相信你当时所做的选择是正确的。换言之，你采取的行动既理智又合理。

许多人相信预定论或命运。当某一出乎意料的情境出现时，这些人可能会说："你看，我告诉过你的！"或"这就是命！"抑或，正如一天下午我在巴黎一家咖啡馆听到的："下午乐得忘乎所以，晚上哭得痛不欲生。"另一方面，或许也有同样多的人认为他们主宰一切。他们或许会对一个因被大孩子欺辱而哭泣不已的孩子说："这都是你的错！你怎么招惹他了？"

这两种世界观到底孰是孰非？所幸的是，二者都同时既对又错。我们是自己实相的创造者，与此同时，也是我们创造行为的受害者，让我来举例说明。

60年代中期，除了从事我的日常工作——理论物理学家——外，我的第二职业是近距离魔术师。我常常受困于一个念头，那就是，一切逼真的魔术都充满了悖论性，是似是而非的，就像量子物理一样。例如，女助手仿佛被切成两半，不过实际情况却并非如此；本来站在房间后部的一个人，忽然出现在房间前部；明明看到一张牌是A，却忽然变成了老K。

我常玩的魔术之一叫做"魔术师的选择"。我请一位观众从扑克牌、硬币等物品中随意选一件，观众坚信他可以自由选择，也因此当他看到我貌似具有预见能力，在他做出选择之前就知道他将选什么时，总会惊讶不已。我想，他的惊讶程度取决于他潜在的信念结构——他相信自由意志还是相信宿命论。为了打破悬念，我现在告诉你，其实我从不知道观众到底会选哪一样物品。不过，我事先为提供给观众的每一个选择都做了充分的准备，换言之，我已将所有的可能性都计算在内。而宇宙的运作也与这极其相似，为每个可能性做好了准备。

　　让我们来用几分钟想象一下，想象神是一位近距离魔术师。就像一位自愿被愚弄同时寻找破解答案的观众一样，我们就是时刻准备好的观众，热切地等待下一个魔术表演。有时，我们以为自己能够看穿这位伟大的魔术师，不过这位叫做"神"的魔术师已经将所有的可能性都纳入考虑之中，而且还偷偷嵌入了一条令你进退两难，永远无法破解的魔术规则。在接下来的例子中，你能够自由地选择自己想要的实相，与此同时，你会发现，其实你根本就没有选择的余地。

　　想象你坐在一位著名近距离魔术师的客厅里，你坐在桌边，魔术师走进来，边整理斗篷，边在你对面坐下。他随身带着一个小袋子，他将手伸进袋子，将一块底部已有些变硬的绿色餐具垫放在桌上，然后他又将手伸入袋中，拿出一个大大的马尼拉纸信封，放在餐具垫上。他打开信封，分别拿出三张标着A、B、C的大卡片，他将三张卡片排成一排放在你的面前。

　　他说："这里有三张卡片，你可以从中选一张，A、B或者C。我已经预测到你会选哪张卡片，并将预测结果写了下来，无论你选哪一张。我不想以任何形式影响你，你拥有完全的自由，可以随意选择A、B或者C。不过，我已经知道你将做何选择，我会向你证明这一点。你做出选择后，我会让你看我写下的预测结果。现在，请选一张卡片。"

　　你满心警惕地开始猜测他心中对你的猜测。你可能会想，估计大多数人都会选卡片B，因为它是中间的那一张。或许你的思维过程是这样的："他的小聪明还赢得了我？我将选卡片B左边的卡片A，他绝对猜不出我选的是什么，就是，他肯定猜不出！我选卡片A。"于是你大声说出自己的选择："我选卡片A。"

　　"啊哈！"魔术师说："我知道的！请打开你面前的信封。"他将信封推到你的面前，就是他从中变出三张卡片的那个信封。你打开信封，看到里面还有第四张卡片，卡的一面空白无字，另一面则是魔术师那粗犷的笔迹："你选了卡片A。"你不可置信地向信封里看了又看，里面空空如也。

你的大脑开始高速转动："他是怎么做到的？"你不断猜想："他是猜到的？全凭运气猜到的？"你抬头看着魔术师的脸，他那冷静自信的态度明确地告诉你这绝不是运气。他满面自信，而且，你也听其他见证过他魔术的人说过，他从未错过一次！尽管如此，他看起来确实是人不是神，也就是说，这一定是戏法！

在这种情况下，人类大脑通常会开始搜索对过去种种经历的记忆，以试图排除那些多余无用的杂念，仅留下必要、重要的想法，从而找到能够解答这一悖论性问题的因果关系。比如，你可能会想："不知怎的，我好像是被迫去选择卡片A，肯定有一个不易察觉的力量在左右我的选择，我根本没有自由选择的权利，虽然表面上看我仿佛可以随意选择。"

不过你对这一答案并不感到满意，于是你继续为这一"被迫的选择"寻找原因。"或许我被催眠了，被催眠的我当然没有任何自由意志。"用这一答案解释了上述悖论后，或许你又继续寻找新的因果关系。

你可能这样想："也许他没有提供给我足够的数据。让我们重新审视一下这个魔术，也许有什么隐匿的变量，它们超出我所能掌控的范围，不过却受这一聪明的魔术师支配。如果我能有机会重来一次，我肯定会揭穿整个戏法。"你的心智再一次试着通过某一因果关系来解决这一悖论。在这个例子中，"因"就是那些隐变量，"果"则是你对卡片A的选择。

你抬头看着魔术师的脸说："让我们再来一次，再来一次好不好？""好的，"他回答说，"不过有一个条件。""什么条件？"你问。"条件是，你必须忘记自己以前曾见过这个戏法。""这可不行，"你申辩道，"如果我不记得你刚刚展示给我看的，又怎么可能知道这戏法是怎么变的呢？"于是，你们之间产生了摩擦。

如果这时你能够在没有任何附加条件的情况下重新见证一次这个戏

法，你确实会看到答案，那就是，魔术师对每一个选择都事先做好了准备。如果你没选卡片A，而是选择了卡片B，他会让你掀开桌上的餐具垫，然后你会看到餐具垫的下面粘着一个卡，上面也是魔术师那醒目的笔迹："你选了卡片B。"如果你选择了卡片C，也会有同样的情形出现，或许他会让你看一看你所坐的椅子下面，或者房间中其他显眼的地方，看看他在那里写了什么："你选了卡片C。"

不过魔术师坚持说，你必须要同意他提的条件才能重来一次。所以，虽然你心不甘情不愿，还是不得不答应他的要求。你设法抹去了自己对这个戏法的记忆。他再次为你变魔术，这次你选了卡片B，他让你掀开桌上的餐具垫，看看下面有什么东西。你满脸惊奇地看到餐具垫下面的字样："你选了卡片B。"然而，尽管你已经忘了自己曾经见过这个戏法，你心里还是觉得有点别扭，你很想揭穿这位魔术师的戏法。

这个戏法告诉我们，虽然作为观众的我们似乎根本没有任何选择的余地，我们却有着自由意志。然而，无论我们做出何种选择，我们会发现，其实这些都是事先预测好的。对于研究原子现象的量子物理学家而言，宇宙就和"魔术师的选择"这个例子基本一样，尤其是那个"无赖"提出的让你抹去记忆的刻薄条件。无论物理学家们进行何种观察实验，他们发现自己根本无法预测他们的选择将会带来什么样的结果，然而，这些选择却似乎牵涉到某一因果过程或者某一预先注定好的方式。例如，假如他们想确定一个正在运动的原子所处的位置，根据以往的经验——比如他们曾见过原子运动留下的轨迹，他们推测原子的未来是预先注定的，不过，如果他们真的将探测仪器架在预定的轨迹旁边，他们必然会大吃一惊，因为他们对粒子的观察已经在很大程度上改变了粒子的运动，粒子"本该"在原有轨迹上的位置现在只是一个可能性而已。就像"魔术师的选择"中的观众，物理学家们发现，每次他们去观察粒子，并决定以粒子的旧有位置来确定其新位置时，他们都被无情地愚弄了。

换言之，我们从未揭示神隐藏的秘密。"再看一次魔术"的要求就像是物理学家对自然坚持不懈的实验研究。每一次物理学家提出一个问题，神都会回答。不过，这些物理学家对神的回答并不满意，显然，神的魔术表演使他们感到困惑不安，而且他们完全有权感到困惑，因为他们坚持认为如此变化莫测的行为一定是有原因的。归根结底，当他们看着原子的历史记录时，其轨迹看上去确实是完全可以预测的。和你一样，他们的头脑中充满了各种关于隐匿主宰因素的想法。"我们做错了什么？"物理学家号啕大哭。愤怒迫使他们放弃，他们徘徊在绝望的边缘。他们越去寻找主宰因素，这些因素离他们越远，和他们捉迷藏。最后，他们决定隐退，他们本无法操纵宇宙，无法控制宇宙，他们只是宇宙的受害者！

我们都能认同受害者这一角色。受害者无需对发生在他们身上的事情负责，"他人"对他们做了这些事情，受害者无法控制他们人生中所发生的事情。然而，如果我们仔细审视这些情境，就会从过去事件中发现受害者的固定模式。我们会发现，虽然他们并不是故意的，也未觉察到这一点，这些受害者其实都是自食其果，他们认真地为自己铺好了床，当然也就必须躺在上面。

然而，受害者通常仿佛并未觉察到自己的行为。事后，他们为自己曾经的选择高唱哀歌："如果当时我知道的和现在一样多，该有多好！"或许，你也很熟悉这一悔恨的哀叹，至少我很熟悉这种感觉。而这，就是问题之所在，我们那时所知道的，永远不会和现在一样多。正如原子的运行轨迹或者魔术师的戏法，我们过去的所作所为只有在我们回首往事时才是"可预测的"。

为什么我们无法预知未来？为什么事后回过头去检视，这个世界看起来仿佛是可以预测的？这两个问题的答案是一样的：我们永远无法看到现在的自己。你是否常常对自己最好的朋友感到惊讶："他怎么会做出如此愚蠢的事情？"看到他人的苦境实在是容易得很，我们都很擅长扮演"知心姐姐"，为那些饱尝失恋痛苦的人、我们的朋友甚至政治家、裁判或总统提供各种各样的建议。我们都知道这个国家出了什么问题，为什么那个著名的田径运动员忽然萎靡不振，以及如何拯救这个世界。我们对他人的洞察一向是清晰明了，火眼金睛。

然而，觉察自己时，我们就明显地变成了隐形人。我们尚未学会像他人看待我们，或者我们看待他人那样看自己。无论我们何时去观察，我们自己在观察过程中所起的作用似乎被极小化了。也可能，因为"自我"观念的不同，也会发生恰恰相反的事情，我们在观察过程中所起的作用被不成比例地夸大。观察时，"我们"将自己与所观察的事物分离，在这一观察行为中，客观且"真实"的世界浮现出来，主观的观察者则消失不再，我们不知该如何观察自己。下一个例子，我称其为"消失的观察者"，我们将看一看当我们不断地探索"实相"的真实本质时，我们到底是如何观察世界的。

消失的观察者

量子物理告诉我们，实相的观察者同时也是该实相的参与者。换句话说，"观察"这个词并不是一个被动的名词，"进行观察"也不是被动的动词结构。然而，在西方传统教育的熏陶下，我们学会了客观思考，将这个世界看做是一个早已存在的世界。

在"既存世界"的游戏中，游戏者是没有任何空间的。就像一台计算机，根据已有的运作规则，无休止地运行，游戏所能做的唯一的事就是：继续。而我们所能做的唯一的事则是观看，永远也无法碰触到细节。我们仅仅是这一预先选定好的"世界游戏"的被动、甚至几乎不存在的观察者。

客观性也有其代价，你付出的代价就是对你的觉知的觉知。然而，客观性其实只是一个幻相，想一想那个自相矛盾的立方体就是了。当你选择它的各个侧面时，立方体就出现了，不过，你却失去了对"你之选择"的觉知。换言之，立方体出现时，你就消失了。在立方体出现的那一刻，你将立方体的形象从你的脑中投射出去，这是一个突然的创造之举：那是一个立方体！这一选择将你与它分离开来，你头脑中的立方体画面忽然成为外在世界中真正的立方体，所有这一切都进行得非常迅速，就在你将这一图案"看做"是立方体的一刹那。或许，你也同样迅速地再将这一自相矛盾的立方体看做是一个抽象的图案，或者将其看做是其他的什么东西，你的心智并未完全地受到愚弄。不过，虽然只是短短的一瞬，你却于"外在世界"创造了一个立方体，一个坚实的三维物体。

那么，假设你永远看不到立方体那互补性的一面，即一系列抽象、二维的线与点，假设你已被预先设定好，只能将其看做是一个坚实的形和相，而且一直如此，永远如此，我相信我们对这个世界的看法与对这一立方体的看法是非常类似的。透过已被预先设定的眼光来观察，这一立方体就会不断地从一个"状态"跃入另一个"状态"，而不会连续地经过一个个中间位置。你越将它看做是固体，就越不用对其"中间过程"负责。它想跳就跳，仿佛完全是随机的。过了一会儿，可能你会试着去理解它为什么会这样跳来跳去，寻找隐藏其后的机理，并因此使得事情越来越糟，因为其实你已经不存在了，你已经变成了观察过程中的一个消极点。

我们也可以换个方法来理解这一现象。看着你的手，感受一下你的大拇指，每次你感受到大拇指的存在，你就有将自己的存在客观化。你的大拇指是一样"东西"，你身体的一部分。你感受到你的大拇指"就在那里"，它并不是你，对不对？再想一想你身体的其他部分，你对它们的每一次关注都会为它们带来某种感受，而每一个感受都会使你因此消失。你并不是你的感受，对不对？每一次观察都使你与身体那一被观察的部分分离，将你带近"内在的自己"，越来越近，直到你彻底消失。

不过，你确实存在。你看到、听到、闻到、触到和品尝到的一切，

第八章 宇宙广厦之互补

都取决于你头脑中的画面，亦即你对自己能够看到、听到、闻到、触到或尝到什么的想象。相由心生，你对实相的想法创造了实相。

让我们再回头看一看原子物理学家的实相，看看他们捕捉铅笔原子的思想实验。他们将铅笔看做是原子级的粒子，极其微小的物质，就像是小小的球轴承，或者特别小特别小的棒球。对于他们，也或许对于我们大多数人而言，实相是坚实又坚固的。然而，这些小小的棒球并不按小小棒球的方式行事，它们像波一样衍射、弯曲并扩散，在我们试图将它们收集在一起时，它们会创造出波的图案；而我们单独观察它们的时候，它们则会留下个别的痕迹。如果物理学家们将分离的画面看做是实相，将"收集在一起"时形成的画面看做是实相"尚待解释"的那一部分，他们就会成为自身观念——被预先设定的观念——的受害者，认为实相是粒子性的，这些粒子以令人无法预料的方式运作，看起来从一处跃到另一处，丝毫不顾忌它们以前曾明显遵循的轨道，真像人类！

物理学家们——是的，还有我们——是否还能有其他截然不同的世界观呢？我相信有！我们需要看一看其互补的一面，看看我们自己在这一切的一切之中所扮演的角色。不过，这可不是什么轻而易举的事情，我们很难放弃那些早就灌输给我们的成见，我们时时刻刻都在主动地选择物质实相，而与此同时，却对这些主动选择浑然不觉。然而，如果我们能够认知这一简单的道理，这一领悟就会帮助我们看到这个世界那互补的一面；而一旦我们看到这一物质实相互补的一面，那些旧有偏见——就像那立方体的各个"侧面"——便会土崩瓦解。将心智与物质分离的屏障将消失不再，神与人也会和好如初。

伊奥尼亚与埃利亚的古希腊学派将万物最根本的本质称为"physis"（原质），现在英文中使用的"physics"（物理）就源自于这个词，它将我们引向"存在"与"改变"的和谐一致。下一个例子，纽科姆悖论，将把"神圣存在"与"客观实相"之间的远古冲突带入当代，只不过这一全新的"physis"就是量子物理。我们确实是不可或缺的，我们确实是必要的，我们唯一需要做的只是改变思维方式。

纽科姆悖论

对于那些经过一番努力，已能接受量子物理理论的人来说，悖论已经是他们的老朋友了。许多理论物理学家带着极大的乐趣运用或创造悖论，以展示我们的各种偏见如何使我们陷入困境。我不知道威廉·纽科姆是否也带着同样的想法创造了下面这个悖论，不过我知道，纽科姆博士是一位非常优秀的理论物理学家。

我第一次遇到比尔·纽科姆（比尔是威廉的昵称）是在1961年，那时我选择了在劳伦斯利弗莫尔国家实验室度过那一年的夏天，他在那里从事舍伍德项目的研究：热核聚变的和平控制。这也是我博士论文的主题，因此，我与纽科姆博士一起度过了许多个下午，讨论林林总总的问题。毋庸置疑，其中的一个下午，他向我展示了这个小小的问题。

然而，直到1977年我才找到了这个问题的答案，现在我想与你分享的正是这一答案。它为我们提供了一个新视野，帮助我们了解"量子思维"如何解决"自由意志"与"宿命论"之间的矛盾。现在，让我们一起回到我们那位魔术师朋友的客厅，不过这一次，我们将把他和我们自己都缩小，缩小到原子量级。

再一次，他走进房间，坐在你的面前。他说："我是一个已经开悟的生命体，能够看到未来。我给你带来了一个礼物。如果你相信我的力量，我会将你变成一个富可敌国的人。"然后，他将两个小小的保险箱放在你的面前。第一个保险箱上贴着写有"L"的标签，第二个上面贴着"R"。然后他接着说："我在写有L的保险箱中放了一千美元，这个归你了。在写有R的保险箱中，我也许放了一百万美元（当然，都是大面额的钞票），也许什么都没放。你只有两个选择，要么只选标有R的保险箱，要么两个都选。"最初你倍感惊奇，因为你以为，你只有两个选择，在两个保险箱中任选其一。然后，你忽然发现，其实这根本就不合逻辑，于是你开始怀疑这里面是不是有什么圈套。魔术师说："你必须信任我才能得到这一百万美元。不要忘了，我能够看到未来。我已经知道你将要选择哪个保险箱。如果你选择标有R的保险箱，我会奖励你的选择，而你会发现箱子里确实有一百万美元。不过，如果你很贪婪，选两个箱子，你会发现标有R的箱子里空空如也，你得到的报偿只是箱子L里的钱。"

他听起来很是自信。接着，就像前面提到的那样，你从别人那里听说他确实很守信用。而且，他就静静地坐在你的对面，根本就没有碰箱子一下，要么钱就在箱子里，要么不在，要么……还有什么可能呢？

你的大脑高速转动，思绪不断。"这家伙真的是说到做到。他竟然已经知道我准备选什么，那么就是说，我根本就没有选择的自由。不过，他怎么会知道我打算选什么呢？连我自己都还不知道自己会做出什么选择呢！如果我真的信任他，我会选择标有R的箱子，得到那一百万美元。不过，他根本就没有碰过那两个箱子，就是说，原来是什么样，就是什么样。要么箱子里已经放好了钱，要么就什么都没有，不可能再变了。因此，无论我做何选择都不会改变箱子的现状，我还是选两个箱子，共得一百万零一千美元。不过，话又说回来，他肯定知道我会这么做，因此不在标有R的箱子里放一分钱。"就这样，你没完没了地想啊想，大脑急速运转。你唯一的结论是：如果你相信这家伙的话，就必须选择标有R的保险箱，命运再次将你纳入掌心，你还是没有一丝一毫的自由意志。

不过，你或许会想："这家伙其实只是一个很普通的人，和其他所有的人一样。他只不过是在愚弄我，无论他是否在标有R的箱子里放钱，现在他都无法再做任何改变。我还是两个箱子都选，这样的话，如果箱子R里有钱的话，我会得到一百万零一千美元；如果那箱子是空的，在我做选择之前它就是空的，即使我只选择了箱子R亦如此，所以说，我什么都没有失去。"因此，如果这家伙只是一个普通人，我们就会两个箱子都选。好像，我们又重新获得了自由意志。那么，你会如何做呢？

答案是：如果你想得到一百万美元的话，就选标有R的保险箱，你的选择与这家伙的"全能"或"灵异视力"无关，好像只有我们这些已被预先设定的西方心智才会这样想。因为我们都是原子级的，这一百万美元存在于一个悖论性的国土——同时既在箱子里又不在箱子里。你的观察行为创造了不同的结果：保险箱里要么有钱，要么空空如也，就看你如何选择了。你的观察行为解决了悖论，同时选择两个箱子会导致标有R的箱子里空空如也，如果你只选择标有R的箱子，它里面就会装满了钱。就像你对自相矛盾的立方体所做的选择一样——选择它的前侧面还是后侧面，你的选择创造了不同的可能实相。

互补原理：概述

量子实在是微小，我们生活的这个世界取决于我们心中对这个世界的看法。因为量子的微小，这些看法看起来仿佛颇为始终如一，且具有连续性，与过去有着合乎逻辑的联系，也为未来打下了合理的基础。于是，从我们的经典思想传承中，自然而然地浮现出两个画面——描述自然的画面，亦即对实相的波动性描述以及粒子性描述。

因此，物理学家试图以

图8-9 毛里茨·埃舍尔的作品《望楼》：宇宙广厦的互补与悖论性

第八章　宇宙广厦之互补

这两种理论为出发点来诠释他们所经历的一切，并大败而归，观察者在观察原子世界时对被观察对象那未曾预料却不可或缺的干扰是导致失败的原因。我们试图用上述两种观点来诠释世界，且忽视了我们自己在这个世界的存在，因此，这个世界显得既不连续，又充满悖论性。

上述两种策略——忽略自身的存在以及波粒理论——适用于经典力学的范畴，针对我们日常生活中的物体是完全行得通的，成功的原因就在于量子的微小。不过，量子的微小是有限的，并不等于零。换言之，我们最终且根本地影响着宇宙，我们的存在在原子层面上有着巨大的影响，而在日常宏观世界中，却显得微乎其微。当我们试图将自己置于实相之外，并坚持用波动性及粒子性来描述这个世界时，我们就不得不认为宇宙具有悖论性及二元性，由互补的面向组成。

尽管这些观点貌似合理，也算获得了大多数物理学家的承认，它们却有一个相当恼人的特性。爱因斯坦如此形容这一特性："上帝不掷骰子"。在爱因斯坦心中，实相一定是真实的，外面一定有一个"外在世界"。实相以何种形式彰显完全取决于观察者心血来潮的想法，这一观点实在使爱因斯坦深感厌恶，更令人反感的则是观察者完全无力掌控其命运的想法。

为了反驳玻尔的理论，并重新肯定连续性理论的地位，爱因斯坦与两位合作伙伴于1935年发表了一篇言辞非常谨慎却引起广泛争议的论文，该论文的主题后来被称为EPR悖论。它宣称量子力学对实相的解释并不完备，然而，它却未能提出任何新的理论以补充或替代量子力学。不过，它却引出了存在于所有物体之间，尚无人觉察到的全新关联。

第九章　下落不明的宇宙

关于量子力学，最重要的一点是：它彻底摧毁了宇宙"就在那儿"的观念。从此以后，宇宙永远都不再同于以往。

——约翰·惠勒

唱反调的人

爱因斯坦曾被玻尔击败，玻尔运用海森堡的测不准原理阐明根本无法用一个连续、机械的模型来描述物质实相。测不准原理从根本上否定宇宙中任何一个物体的位置与动量具有平等的地位。然而，爱因斯坦从未真正地放弃。几年来，他一直关注着玻尔关于互补原理的论点，互补原理认为，宇宙一定是由相生相克的实相画面构成的，爱因斯坦为了证明量子力学并不是对实相的完美解释而付出了千辛万苦。

他用一个接一个的思想实验来烦扰玻尔，这些思想实验对于玻尔来说真是一次次的考验。然而，玻尔最终运用他自己的互补原理成功地捍卫了量子力学。尽管爱因斯坦再次受挫，他还是没有被说服。他认为量子力学本身一定存在着什么问题，它应该还算不上一个合格的理论，肯定不完整。1935年，爱因斯坦试着阐明量子理论在哪里出了问题，著名的EPR悖论由此诞生。

EPR悖论

那一年的5月15日，爱因斯坦下了战书，他提出了一个极具挑战性的问题。声誉卓著的物理学期刊《物理评论》刊登了一篇名为《能否认为量子力学对物理实相的描述是完备的？》的文章，文章作者是阿尔贝特·爱因斯坦、鲍里斯·波多尔斯基和纳森·罗森，简称EPR。自从爱因斯坦为了躲避希特勒的魔爪于1932年离开柏林来到美国后，他们三位一直合作，共同就职于声誉斐然的普林斯顿高等研究院。

那时爱因斯坦56岁。他有充足的时间去思考这一问题，尽管许多物理学家都不认为这一问题会带给他们什么突破性的新发现。无论这是他们的哲学观念也好，信念也罢，物理学家们更愿意去玩那些最新的数学公式，或者量子力学带给这一物质实相的新关系，他们几乎没有时间去考虑爱因斯坦、波多尔斯基和罗森探讨的问题。这篇EPR论文几乎遭到了完全的忽视。

这篇论文提出了一个迄今为止仍未成功解决的论点。论文先任选一个物体，对其进行实验。论文为这一实验设定了条件，物理学中充斥着林林总总的条件，这些条件被分成两大类：充分条件与必要条件。必要条件就是说条件A必须成立，条件B才能成立。孩子们最擅长对他们的母亲提出一个个必要条件。"如果你不给我讲故事，我就不睡觉！"就是必要条件的一个例子。孩子的妈妈或许会想出各种诱人的花样哄他上床睡觉，不过如果他没有听到故事的话，是坚决不肯闭上眼睛的。

充分条件不像必要条件那样高调地提出要求，它是最低条件。比如，虽然并不一定非吃菲力牛排才能解饿，但吃了菲力牛排便可以不再饥肠辘辘了。EPR悖论以"一切物理量之现实性的充分条件"为出发点："对于任一物理量而言，它具有现实性的充分条件是，我们能够有把握地对它进行预测，而且我们的预测不会对它有任何干扰。" EPR对量子力学赋予真实物体的或然性表示担心，具体地说，他们所关注的是物体的位置与动量。当然，对于宏观物体而言，准确地预测其物理量是没有任何问题的，我们能够完全有把握地预测桌上一个正面朝上的硬币会一直躺在那里，只要我们不去干扰它。我们能够预测这一点，这便是"硬币正面朝上"这一现实的充分条件。

但是，这却不一定是必要条件。如果将硬币抛向空中，我们就无法再肯定它确实有正面，尽管我们抛出硬币后再也没有干涉过它。然而，硬币依然有两面，这是千真万确的，即使我们无法预测它确实有正面——这本是硬币的真实特性之一。

从经典物理的角度来看，因为普朗克常数h很小，我们日常生活中的物体并不会展示出量子力学所描述的怪异特性。对于经典的宏观物体而言，其现实性的充分条件显然并不是必要条件，不过这一点却不适用于物体的量子世界。

任一物体的位置与动量看起来似乎都是真实的物理量。对于任何一个经典的宏观物体而言，我们都能准确、切实地预测其位置与动量。不

图9-1 充分条件

第九章 下落不明的宇宙

过，在原子及电子的量级上，不确定性原理则否定了上述两个物理量的实在性。它认为，如果我们完全肯定地确定了一个物体的位置，就不可能再完全肯定地确定其动量。因此，根据EPR悖论所设定的充分条件，我们可以得出如下的结论：上述两个物理量中必有一个不是真实存在的，至于哪个物理量不具现实性则取决于我们的选择。当我们去测量其中一个物理量时，另一个物理量就被剥夺了存在的权利。

甚至玻尔也同意这一观点。不过爱因斯坦的目标并不止于此，他希望能够得出更聪明的结论，亦即，量子力学——如果我们真的将其看做是对宇宙的完美描绘——最终会落入自相矛盾的下场。爱因斯坦和他的朋友们试图运用量子力学来证明完全有可能在不干扰一个物体的情况下来预测其位置或动量。换句话说，当一个物体开始运动并摆脱了观察者所能对它施加的任何物理影响后，我们就能够准确地预测其位置或动量。不过，做出抉择的是观察者，不是物体。EPR认为，预测之前这两个物理量便已存在，观察者所能做的只是选择将要观察哪一个物理量。

不过，EPR也同意确实无法同时预测位置与动量，否则的话，就会违背不确定性原理。EPR还不打算去挑战不确定性原理。

之所以会出现这一自相矛盾的情况与观察者的预测方式有关：他并不是通过直接干扰被观察物体本身来进行预测，而是通过干扰另一个与被观察物体有过接触的物体。物理学家们通过观察这第二个物体来认识了解第一个物体，能够这样做是因为两个物体之间的相互作用，物理学家们称其为相关性。

让我们以台球为例来说明这一点。将第一个球击向第二个球，我们可以仅仅通过观察第一个球来预测第二个球的行为。因为台球是宏观或者说"经典"的物体，我们可以同时非常准确地测量台球的位置与动量；通过认真测量第一个球在撞击第二个球之前及之后的位置与动量，我们就可以确定第二个球的位置与动量。一旦两球相撞，它们之间就产生了关联。换言之，相撞后两个台球的行为取决于发生碰撞时二者之间

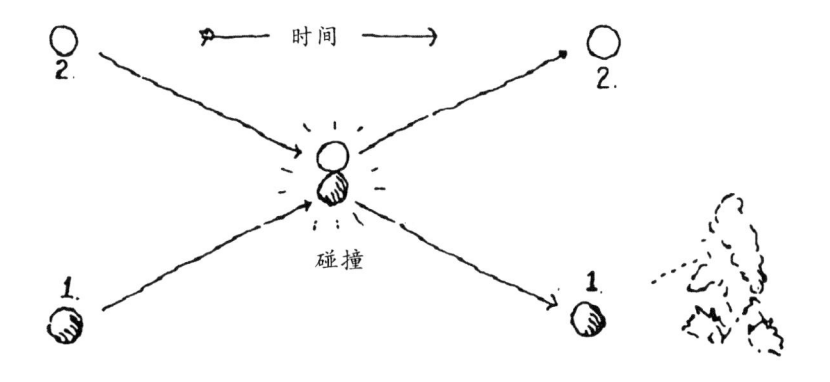

图9-2 两个粒子碰撞的经典力学描述：观察者借由观察其中的一个粒子来预测另一个粒子的位置与动量。

的相互作用，因此，通过观察两个台球中的一个，我们就能够预测另一个台球的行为。

当两个台球完全分开之后，无论我们再如何干扰其中的一个球，另一个球也不会受到丝毫的影响。我们认为这是理所当然的，因为当我们说两个球已经分离时，指的就是这意思。两球之间的关联仅仅是它们过去之相互作用的结果，无论现在我们做什么，都无法再改变它们之间的关联。

刚刚我所描述的两球之间的关联是经典力学或者说牛顿力学的观点，它是牛顿运动定律的产物，展示了牛顿运动定律在描述物体碰撞时所体现出的完备性。如果牛顿定律在经典力学范畴并不完备的话，我们就无法确定我们并未观察的那个台球的实际情况。然而，根据牛顿第二定律，我们就能够确定该球的运动情况。第一个台球在进行了一段时间的匀速运动后，忽然开始加速。根据牛顿第二运动定律，它一定受到了某一外力的作用，来自第二个台球的外力。再根据牛顿第三定律——也称为作用与反作用定律，我们就可以通过观察第一个台球来预测第二个台球的运动情况，第二个台球的反作用（力）等于第一个球的作用（力）。

不过，量子力学可完全是另一回事。根据量子力学的定律，我们无

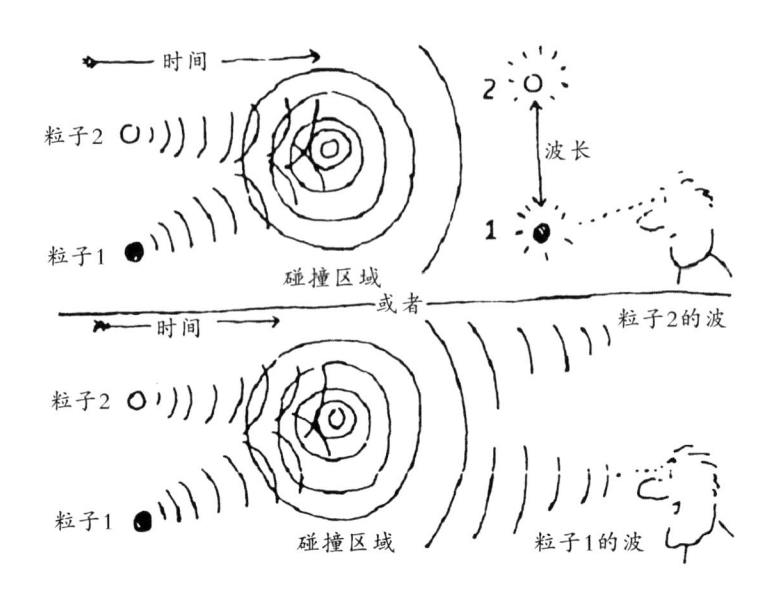

图9-3 两个粒子碰撞的量子力学描述：观察者借由观察一个粒子的位置来预测第二个粒子的位置；或者，借由观察一个粒子的波长来预测另一个粒子的波长，不过他无法同时预测位置与波长。

法绝对肯定地同时确定台球的位置与动量，尽管如此，物理学家们认为量子力学为这一不幸情形提供了完备的描述。如果量子力学确实是对这一物质实相的完整描述，那么就不可能在不干扰被观察物体的情况下同时预测到其位置与动量。就是说，第二个台球——我们并未观察它，因此也未干扰它——不可能同时具有位置与动量，除非我们真正地直接观察它。在二者已经分离的前提条件下，我们对第一个台球的观察行为不会影响到第二个台球的"实相"，因此，我们无法也不应该根据对第一个台球的任何观察结果来决定第二个台球的物理特性——位置及动量——或者两个台球之间所进行的任何折中行为，第二个台球也绝对不可能同时具有位置与动量。

　　EPR找到了一个让第二个台球同时具有位置与动量然而却依然无法预测的方式。因此，他们得出结论，认为量子力学肯定是不完备的，因为它赋予一个物体"位置"与"动量"这两个物理量,却无法预测物体的运动。

为了能够理解量子力学如何创造出这样一个互相矛盾的情形,EPR想出一个聪明的办法,将两个物体关联在一起:他们用一个波函数来描述两个物体之间的关联。尽管这一波函数并不违背不确定性原理,它在某种程度上却显得有些神秘。这一波函数中包含有两种不同类型的讯息,它使得观察者能够确定两个物体之间的相对距离,并同时确定两个物体的动量和。

为了能够理解这一点,让我们来想象一束电子射在一个有两道平行狭缝的屏幕上。想象这电子束就像手电筒的光束那样照在屏幕上,屏幕上有两道细长的水平狭缝,就像百叶窗上的细缝一样。尽管这两道狭缝异常细窄,它们的分离作用却很显著。就是说,任何穿过狭缝的两个粒子,在穿过的那一刻都会被明显地分开。现在,要记住一点,我们可以准确地测量屏幕的动量——电子束中的两个粒子穿过狭缝前后的动量。狭缝很窄,因此我们无法预测两个电子的动量,然而,借由测量屏幕动量的变化,我们就能得知这对电子穿过屏幕时所获得的动量之和。

概括地说,EPR创造出一个含有两种讯息的波函数,一是任何一对穿越双缝屏幕的电子的总动量,二是它们穿过狭缝后的分离程度。因此,根据量子力学,上述两个物理量都是真实的,而且我们能够同时测量它们。不过,每个电子的位置及其动量却依然是无法确定的。每个单独的电子穿过狭缝时的位置是无法确定的,因为在它穿过的那一刻,狭缝的具体位置是未知的。每个单独电子的动量也是无法确定的,因为双缝屏幕所产生的反作用是两个粒子同时作用的结果。根据量子力学,这意味着任何一对粒子中单独的一方,其位置与动量都不是真实存在的。

因为EPR构建其波函数的特殊方式,这两个物理特性被剥夺了现实性。因此,我们只知道这对粒子的一些组合特性,而对于组成它的个体

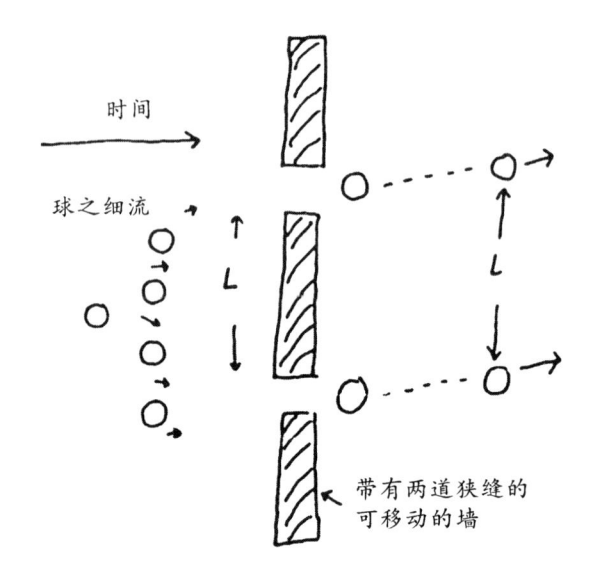

图9-4 两个粒子之间EPR关联的经典描述：两个球穿过墙壁，二者之间的距离不变，每个球都从墙壁那里获得了同样的动量。

粒子却一无所知。这就像是我们很了解一对夫妇，但是却从未与他们中的一员单独相处，因此完全不知道他们二位作为单独的个体又是如何看待这个世界的。

如此这般，EPR论点为两个粒子建立了关联，不过这并不是通常、经典的力学关联。假定两个电子已经完全分离，观察者测量其中一个电子的位置，两个电子之间的距离对于观察者来说是已知的，因此，他能够很有把握地确定他并未观察的第二个电子的位置。也就是说，第二个电子具有"位置"这一物理特性，因为我们能够在毫不干扰它的情况下预测它的位置。

不过，等一下，同样的逻辑也适用于第二个电子的动量。通过测量第一个粒子的动量，我们就会立刻知道第二个粒子的动量，因为我们测量到的屏幕的反作用已经确定了两个电子的总动量。如果a+b=10，而我们知道b=3，那么就不难确定a=7。因此，根据EPR对充分条件的定义，第二个粒子的动量也是真实存在的，因为我们可以在不干扰它的情况下预测它。

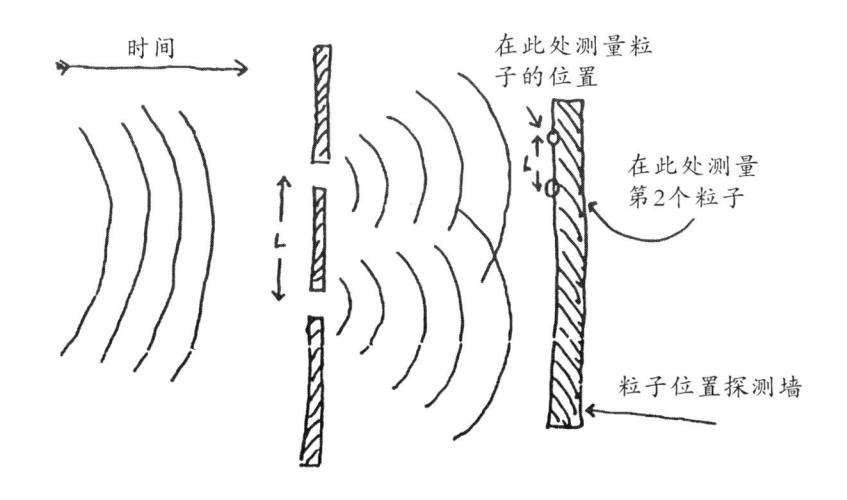

图9-5　粒子之关联的量子描述：EPR悖论

现在我们来举个例子。想象你正在排队买电影票，两个一模一样的贼向你冲过来，从你手中抢走10美元。你没有看清楚他们两个之中是谁抢走了你的钱，也或许他们两人都抢了你的钱。你看到他们的穿着打扮一模一样，不过却不记得他们穿的是什么。

后来，警察抓住了这两个贼，并把他们关在不同的监狱里。现在，怪事来了。你去其中一家监狱，让贼把钱还给你，他给了你4美元。你又来到另一家监狱，请狱卒帮你找第二个贼要钱，他把余下的6美元还给了你。你让狱卒形容一下第二个贼——你并未见到他——的模样，然后发现他的打扮已经不再和第一个贼一模一样。经过进一步的审讯，却原来他"丢"了一些衣服，或者在路上换掉了它们。

至此，这一切听起来都有眉有眼的。不过，后来忽然一股犯罪狂潮席卷了你所住的城市。所有参加收取10美元入场费的社会活动的人，都遭到两个装束相同的贼抢劫。所幸的是，所有的贼都锒铛入狱。不过，捕获这些贼之后的结果却有些不寻常。有些被抢的人获得了经济补偿，有些则没有，有些人所得到的钱甚至比他们失去的还多。警方发现，追回的钱并非10美元的所有案例中，审讯时，罪犯的穿着都是一模一样

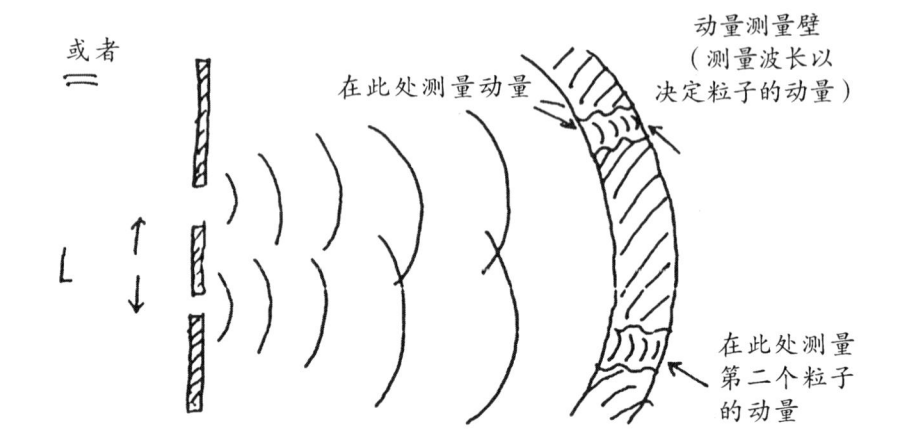

图9-6　粒子从墙壁那里获得了同样的动量，不过二者之间的距离并非固定不变的。

的。警察问抢劫犯他们用抢的钱做了什么，他们的回答含糊不清。

此外，追回的钱正好是10美元的所有案例中，审讯时，罪犯的穿着却不尽相同。事实上，警方甚至无法确定那两个贼是否真有合作。然而，他们抢的钱合在一起却总是整整10美元，即使一个贼只抢到1美元，而另一个贼抢到9美元。换句话说，两个贼的穿着打扮并不完全相同时，他们口袋中的钱加在一起总是10美元；而在其他情况下，将他们抢的钱合在一起则不是10美元。然而，在这些其他情况下，很容易认出这些贼，因为每一对抢劫犯的装束都相同。不过，不同组的抢劫犯的装扮并不完全相同。

在这个类比中，两个贼完全相同的打扮相当于对两个电子的位置的测量，两个贼口袋中的钱则相当于两个电子的总动量。这个例子展示了两个贼之间的关联，如果你抓住他们，先观察他们的衣装，且没有让他们把钱交出来，你总会发现这两个贼的装束是一样的；然而，如果你先让他们将钱交出来，你会从每组被抓的贼那里找回整整10美元，不过他们的装束打扮却总是不同的。因此，可能会有两种关联，如果你先要他们交出钱，每组贼都会交给你整整10美元；而如果你先观察他们的穿着

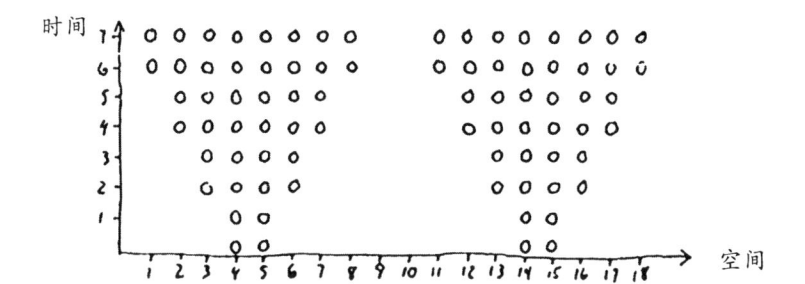

不确定性之点：这些点示意性地展示了两个粒子经历"爱因斯坦关联"后，在时间与空间上展开的过程——粒子的动量与位置都是不确定的，不过它们却是相互关联的

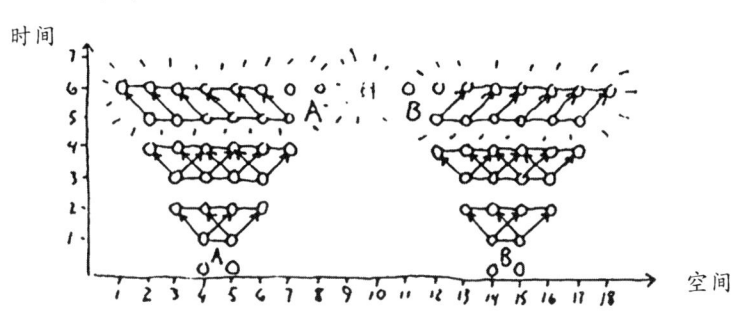

此处，代表每个粒子之潜在动量的箭头将各个"动量"点连在一起。发现动量方向向左的"A"的那一刻，就创造了动量方向向右的"B"。

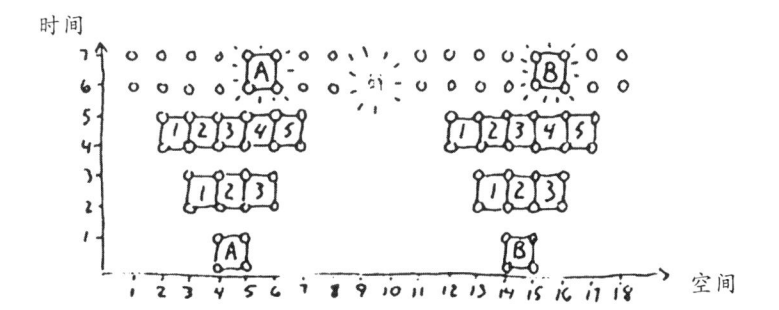

此处，各个"位置"点被连在一起，并为每个潜在位置编了号，在图左侧任一编号位置发现"A"的那一刻，就在图右侧相应的位置创造了"B"。

图9-7 爱因斯因关联

第九章 下落不明的宇宙

打扮，每组贼的两个成员就一定穿着完全相同的衣服。你对这些贼的观察结果取决于你以何种顺序观察他们的特性——钱或衣服。

从这一类比能得出什么结论呢？第二个电子真的同时具有位置和动量吗？如果确实如此的话，那么很明显，依据量子力学，我们是无法同时预测这两个物理特性的。

还有更奇异的呢，假设量子力学是完备的理论，那么，第二个电子的实相——此处我指的是它具有位置与动量这两个必需特性——将取决于我们以何种方式测量第一个电子。这实在是太奇怪了，因为这两个电子无需在彼此附近，就能够影响彼此。

因此，EPR试图否定量子力学对实相的权威性描述。量子理论的完备性意味着曾有过相互作用的物体在截然分开后依然会互相影响，而这一可能性正是爱因斯坦狭义相对论的美中不足之处。确实，EPR的这一异议后来成为"爱因斯坦分离性"的条件。

为了能够更好地理解EPR所描述的接纳量子力学的完备性会产生什么样的严重后果，就要讨论一下量子力学如何能够彻底推翻爱因斯坦的狭义相对论。然而，推翻狭义相对论可不单纯是摒弃某一理论，这也同时舍弃了我们以逻辑、因果的方式理解物质实相所必需的基础。这可是一件很严肃的事情，确实，这绝不是什么儿戏。

第十章　比加速的光子还要快

> 这一切都是梦。
> 光流过，
> 流过屏幕。
>
> ——忧郁蓝调乐队

夜间很活跃的东西

光速在现代物理学中扮演着非常特殊的角色，它是上限，是我们目前所知的宇宙中最快的速度。一切物质的速度都无法超越光速。

举例而言，如果每次一个球飞过我时，我都用拳头重击它，使其能量增加（就像拴在杆子上的绳球一样），球的速度就会增加。无论加速任何物体，都需要能量。对于寻常的绳球、棒球，甚至是步枪子弹而言，在其运动速度低于光速的情况下，能量总会使它们的运动速度增加。不过，当物体的运动速度接近光速时，则会有怪事发生：即使能量增加，物体的运动速度也不会再继续增加，增加的却是它的质量！正如爱因斯坦所言："物体的运动速度不可能超越光速！"，因为将物体的运动速度提高到光速需要无限多的能量。

不过，要是真有速度高于光速的粒子呢？那么就无需将这些粒子由亚光速加速到超光速，它们只需简单地以超光速的速度乱飞乱转就是了。物理学家一直就对这种粒子心驰神往。他们称这类粒子为快子，这个词源于希腊词，表示"快"的意思。英文中的测速计与心动过速这两个词都源于这一希腊词根。

快子，如果它们真存在的话，会将我们这个因果世界搞得乱七八糟，这与爱因斯坦的相对论有关。让我们来举一个简单的例子。假设我们用步枪对着靶子射出一发子弹，显然，子弹肯定要离开步枪，然后抵达靶子。然而，假设在步枪开火的那一刻，你碰巧乘着一架超音速飞机飞过，你的飞行速度几乎和子弹的飞行速度相同，事实上，你几乎可以与子弹并驾齐驱，并从飞机舱中从容地观察它。从你的有利地点来看，子弹仿佛几乎是静止不动的；当然，靶子也在急速地冲向它。那么，是否有这种可能，就是说，你飞得特别快，快得子弹不是停留在你的窗外，而是向后飞？

如果你是个电影迷的话，你肯定看过无数次诸如此类的特效。想一想那些西部经典老片中的马车轮子，它们仿佛正在向后移动，尤其是马车速度很慢的时候。这是因为放映机放映影片的速度超过了车轮的滚动速度。尽管如此，车子依然向前行进。因此，无论我们飞得多快，步枪子弹会一直飞向靶子，尽管从我们所在的位置来看，它好像是在向后运动。

相对论肯定了我们观察到的这一明显现象。不过，如果我们以超过光速的速度射出子弹时，就会有怪异的事情发生。比如，假设子弹的速度碰巧是光速的两倍，如果我们以低于光速的一半的速度飞过时，我们不会看到子弹有任何不寻常的行为。不过，一旦我们的飞行速度达到光速的一半，我们就会看到步枪射出子弹与子弹抵达靶子是同时发生的！更怪异的是，如果我们的飞行速度超过光速的一半时，我们看到的，就好像是电影倒放的镜头：靶子炸裂，将子弹以及火药气体送回步枪，它们整洁有序地钻入窄小的枪口，沿着狭窄的枪筒上行，直到一切的一切都归于它们未射击前的状态。

因为相对论成功地预测了各种观察结果，它逐渐赢得了我们的信任。因此，我们得出结论，快子不可能存在，上述例子就说明了这一

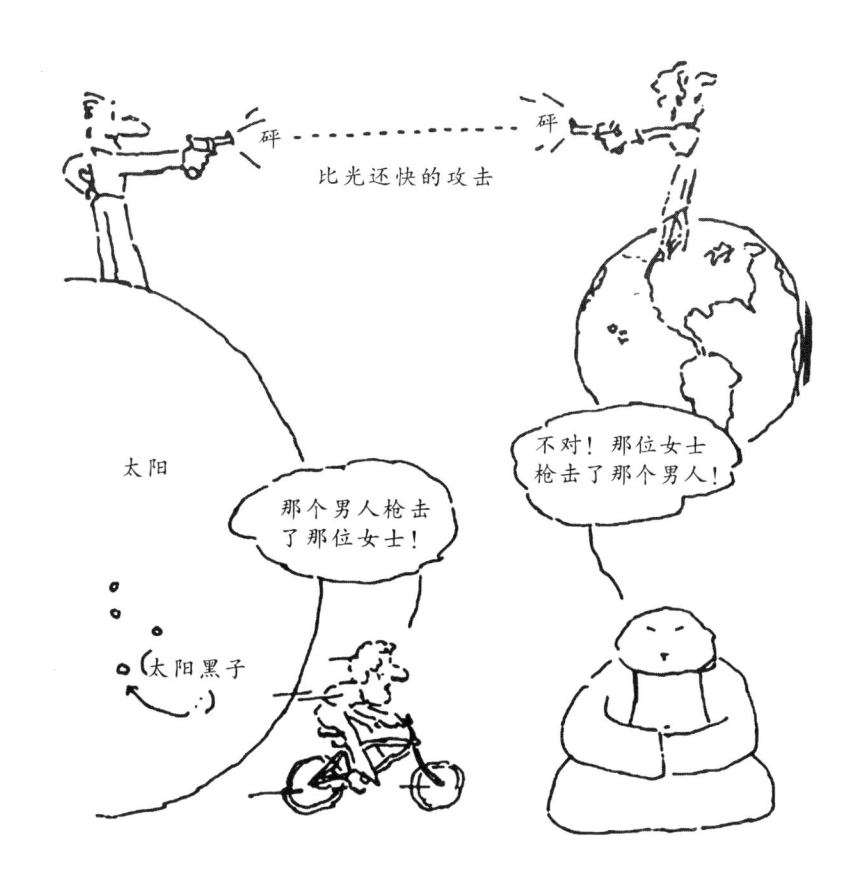

图10-1 因果违逆：快子的矛盾事实

点。这个例子展示了所谓的"因果违逆"："因"出现在"果"之后。

在任何有秩序、有法则的宇宙中，因果违逆都是不折不扣的犯罪。当观察者观察"比光速还快"的物体时，他们看到的永远是对因果律的违背，他们会看到各种事件沿着高速物体的运动轨迹逆序发生。当然，并非所有的观察者都会遇到这种"胡闹行为"，如果我们都观察到同样的因果违逆，就不会对其有任何想法或质疑，我们将简单地认为，果是因，因是果。如果我们从未按照从前至后的顺序播放电影，倒放的电影看起来也蛮合乎情理的。

不过，不可能所有的人都看到同样的现象。只要观察者的运动速度

第十章 比加速的光子还要快

低于光速，即使其时速为1078千米——其实这仅是光速的百万分之一（客运飞机常以此时速飞行），这个世界在他的眼中就会变得怪怪的。例如，一个向西运行的快子以刚刚超过光速一百万倍的速度飞过，并在身后留下一道轨迹，地球上的观察者看到它正飞向太阳。不过，坐在时速为1078千米的飞机中的人则会看到快子正在向东飞，飞离太阳。飞碟的暗影！

到底何为真？这一快子到底来自何处？东方还是西方？因果违逆使真理化解为一锅迷信的大杂烩。毫无疑问，爱因斯坦直觉地意识到了这一点，尽管他从未真正认为快子确实存在。

他也确实不必如此认为，他的狭义相对论使科学不受这些怪异物体的困扰，一切运动速度低于光速的物体，都完美地遵循因果律，迄今为止，尚无人观察到因果违逆。向东飞的物体就是在向东飞。

然而，如EPR论点所言，量子力学允许下述情况发生：曾发生关联的一对粒子中，如果我们观察其中一个粒子的物理量（位置或动量），就会在另一个粒子身上"创造出"与其相似的物理量。这忽然出现在第二个粒子上的物理量起因于我们对第一个粒子的同一物理量的测量，在我们根据第一个粒子的测量结果而导出第二个粒子的相关物理量之前，第二个粒子不可能已然具有这一物理量，因此，第二个粒子的实相一定取决于我们所测出的第一个粒子的实相。

这意味着，一定有"某些东西"从测量第一个粒子的地点进入了第二个粒子的所在地，而且，"这些东西"绝不磨磨蹭蹭，行动迟缓。无论"这些东西"到底是什么，没有任何量子力学的理论试图使其降低速度。事实上，量子力学暗示，"这些东西"完全能够以光速运行，甚至比光速更快。然而，移动的并不是光，我们完全可以用理论来解释与描述光，而"这些东西"却超出了此类理论所能解释的范畴。

两个曾有过关联的物体之间的距离可能有若干光年，它们甚至可能处于不同的星系。然而，只要有人测量其中的一个物体，另一个物体就会立刻拥有与第一个物体被测物理量相似的物理量值，无论第一个物体的被测物理量是什么。

抱着质疑量子力学的目的，EPR向公众展示了又一个怪异特性：曾有过接触的两个物体之间那令人惊讶的关系。量子力学表明，两个物体之间曾经的接触使得它们以一种特殊的方式互相关联，即使它们此后已很久没有过任何物质层面上的接触。物理学家们称它们为"因果定时炸弹"，随时都可能看起来毫无缘由地爆炸。此外，你无需对引爆它们负任何责任，如果它们已在物质世界中没有任何接触的话，你也根本不可能知道自己有这样做，你只是对"某物"进行了观测，如果它与另一物体有着"量子连结"，第二个物体会"感受"到你的观测行为所产生的影响。这就像是寓言故事"科西嘉兄弟"一样，他们虽然并不在一起，却知道彼此的爱情故事，因为他们曾经是连体双胞胎。

虽然爱因斯坦可能会抗议，抗议我将两个曾有过关联的粒子之间的"量子连结"叫做"爱因斯坦关联"，不要忘了，是爱因斯坦在EPR论点中试图通过指出其不合理性来解除此类关联，他之所以获得此"殊荣"是因为他是第一个指出量子力学能够创造如此不可理喻的关联的人。对A的观察可能会在B上产生一定的后果，而它们之间相距若干光年之远，这样的事估计不在我们的惯常思维范围之内。

爱因斯坦关联的问题是，A与B可能是同时发生的事件。让我们再回到那个快子世界的冒险之旅，有可能，对于在某一位置观察A与B的观察者来说，A是B的因。然而，事件发生的顺序也有可能恰恰相反，在另外一些观察者眼中，有可能B是A的因。在不同位置同时发生的事件，在运动中的观察者眼中，发生的时间顺序可能是截然相反的。因此，不能用线性因果关系来看待诸如此类的事件，至少不能用通常的因果律来看待。

然而，如果量子力学是对实相的完备描述的话，它就必须涵括事件观察者之间那不寻常的关联。我们甚至无需借由两个物体来展示该关联，我所谈论的这一关联，指的是所有同时发生的观察行为之间的关系，物理学家称其为"同步观察"。

根据量子力学，我们完全有可能看到某一关系在空间中扩展，涵盖许多不同的观察事件的场所。不过，我们需要一种语言，一些术语来讨论这一同步性的关联。

亏夫、流动与爆裂

很难用语言来描述这一量子层面上的同步性关联，我们脑中依然充满了波及粒子等经典力学的观念。尽管如此，我却觉得值得一试。让我们以量子波函数为起点，就是最先由德布罗意提出，后来由薛定谔精炼的那个量子波函数。

尽管这实在是难以想象，不过还是让我们来想象一个量子波函数的画面，我将这个量子波函数称为"亏夫"（qwiff），想象亏夫就像池塘水面上的涟漪一样在空间中扩展。我将对亏夫的观察行为称为亏夫爆裂，因此，亏夫"流动"，亏夫也"爆裂"。亏夫像水波一样流动，像小溪中的水泡一样爆裂。不过，请读者们将亏夫爆裂想象成对亏夫流动的破坏。换句话说，亏夫爆裂的那一刻，它就会消失不再。当两个粒子之间存在着关联时，就像是有一个亏夫橡皮筋将它们连在一起，观察其中一个粒子时，亏夫就会爆裂，并立刻影响到另一个粒子。尽管我刚刚的描述颇具机械性，但这却不是一个简单的作用与反作用模型。亏夫是一个量子波函数，它最多能够描述观察的可能性，而不是真实的观察情况。它并不是"真的"，不过，如果我们将它看做是真的，或许能够帮助我们理解同步性关联。

还有一点能够帮助我们理解同步性关联，那就是，物理学家们使用连续性的数学描述来确定亏夫流，薛定谔方程提供了这一描述。薛定谔方程描述了亏夫是如何流动的，它描述了亏夫如何以连续的方式发生变化。我们很好奇，希望能够肯定地知道某一事件发生的概率又是如何变化的。

不过薛定谔方程并无法让我们知道我们到底能观察到什么，它无法告诉我们何处以及何时会产生亏夫爆裂，没有任何连续的数学模型能够描述亏夫爆裂。每个爆裂都是一次突如其来的干扰，是对过去的颠覆，对因果律的违背。让我们以一首童谣中的量子力学为例，歌词是这样的："美丽的星光，明亮的星星，我今晚看到的第一颗星……"

不可见的亏夫以其没有尽头的波形图案以及完全符合逻辑的方式在时空中流动。比如，用来描述距离地球四光年的星星所发射出的光子的亏夫，它的运行模式非常简单，其图案看上去像球形波，从球心处脉动出无穷无尽的涟漪，就像一层层洋葱一样。它的二维图形看上去就像将一块石头扔进寂静的池塘中所产生的波形图案。

比如，站在地球上的观察者A，正在思考星空中的某处有一颗星星的可能性。想象这颗星尚未被我们发现，正在哭着喊着求救，渴望被找到。它送出一个光子亏夫，亏夫在空间中不断扩散，其波面上的每一点都孕育着被发现的可能性。不过，漫漫星空中没有任何宇宙智能生命知道它的存在，因此，波面不断地扩展，不过其强度却越来越弱。或许，如果它不断地扩大，就像吹气球那样，就有可能遇到某些宇宙智能生命。

忽然，在地球上，我们这位苦思冥想的观察者脑中灵光一闪，一瞬间，以比光速还快的速度，他"看到"了这缕星光。就在那一刻，亏夫发生了剧变，就像被刺破的气球一样。据称，光子赫然而至，"智能"悠然登场，知识亦翩翩入场。此外，知识也发生了变化。已经扩散成半径为四光年的球体的光子亏夫，忽然塌缩，成为观察者眼中的一个单独的原子。这一事件——某一直径为八光年的球体塌缩为观察者视网膜上的某一点——便是一次突变，在某一瞬间影响了整个宇宙的突变。

与此同时，另一个观察者B也在寻找那一缕星光。假设观察者B在另一个行星上等待这灵光一闪，碰巧该行星与那颗星星的距离也是四光年，不过与观察者A所在的方向正好相反。B错过了这份精彩，因为A已

第十章 比加速的光子还要快

经引爆了亏夫。A看到光芒的一刹那，他改变了整个宇宙空间的可能性。

不过，就在A做出这一重大发现之前的那一刻，A与B看到这颗星的机遇是完全相同的。在亏夫的世界中，光子同时潜在地存在于两个不同的位置：靠近A或者靠近B。确实，它同时具有出现在亏夫球内任意一点的可能性。不过，就在这时，A看到了星光。

这不仅仅改变了A的实相，也同样迅速地改变了B的实相。A是因，B是改变的结果，得出这样的结论似乎很容易，不过我们可不要这样草率。我们也可以完全合乎逻辑地说，因为B没有观察到光子，才导致了A的观察事件。为什么呢？因为在B知道那里并没有光子的那一刻，他也同时将看到光子的可能性由"可能"变成了"完全不可能"。因此，B和A一样，也对亏夫的塌缩负责。

这一瞬间的亏夫爆裂似乎并不遵循通常的因果律。因为A与B事件的瞬时性，我们无法确定谁或者什么具有控制权。就好像，心智是一些迫不及待、饥肠辘辘的孩子，他们都等在那里，等着将路过的第一个亏夫吞入腹中。问题是，第一个贪吃的孩子并没有给其他孩子留下任何东西，或者，我们也可以说，他以自己的无心行为为其他人创造了知识的

图10-2 亏夫、流动和爆裂：想象本无法想象之事。我们看到一个年轻人的心智，而宇宙则充满了亏夫。

饕餮盛宴。

在我那如脱缰野马般的想象中，上帝在宇宙中心为我们准备知识的量子盛宴，各种各样奇妙、美味的好东西以神奇亏夫的形式呈现出来。亏夫以比光速还快的速度在宇宙中扩展，既向前也向后地在时间中旅行。上帝就像一位犹太母亲那样大喊："吃吧，吃吧，我的孩子们，这些都是色、香、味俱全的美味佳肴，真正的珍品！"然而，唉，我们却是些对未知心怀恐惧的观众，眼睁睁地看着这华美的一切，发出一声声悲叹。我们听了上帝讲的笑话却不敢笑，不敢品尝、享受新食品，因为我们害怕，怕消化不良。

更甚的是，任一宇宙智能都能够引爆上帝的亏夫，无论他多么粗俗，多么不开化。因此，伟大的智慧珍宝被一些精神错乱的心智抢掠，成为怪诞的实相，就像一些纳粹战争片所描述的，无数受难者不得不承受极度饥饿，以及那些麻木不仁、冷酷无情的人。上帝讲的笑话，那本无时间性的笑话，被当作寓言一遍遍地讲述，诸如圣经故事以及各种神秘的洞见等等。不仅如此，唉，它们还都被那些愚笨的心智歪曲到了不可救药的程度。

图10-3 他刚刚引爆了亏夫。

第十章 比加速的光子还要快

图10-4　我们看到了结果：一颗星星的光子抵达他的视网膜。

然而，并非所有的心智都是笨拙无能的，科学踏上了舞台。继之而起的有普朗克、爱因斯坦以及过去与未来所有的科学家们。他们观察到一种秩序，不过，是谁创造了这一秩序呢？

因此，从某一视角——或许是宇宙视角——来看，A与B两个观察者之间有着某种关联，不过，有可能他们永远也不会知道这一点。在A与B进行观察之前，亏夫是一个涵盖某一广大空间的完整整体。在A观察到那一单独的光子之前，A与B之间并不存在客观上的分离，在光子被观察到的那一刻，分离始现。

当然，片刻之后，另一个光子亏夫又进入两个观察者的视线。这时，或许A又看到了它。不过这亏夫并不特别偏好A或B，B看到该光子的可能性与A同样大。而且，如果他真的看到了它，就会在一瞬间改变A的实相。接下来又有第三、第四……第N个光子进入他们的视线，每个光子亏夫都因为来自浩瀚宇宙两端的影响而改变。在这一系列的观察行为中，A与B都意识到这一空间的辽阔无垠。

在观察宇宙的过程中，每个观察者都在干扰宇宙的完整性。借由观察，每个观察者都将自己与世界的其余部分分离开来；借由观察，观察者获得了知识，不过也付出了代价。他变得越来越孤独，越来越与世隔绝。或许这就是伊甸园中智慧之树的真正含义，第一口苹果味道甜美，却也代价高昂。我们睁开了双眼，却看到自己孤独无伴。

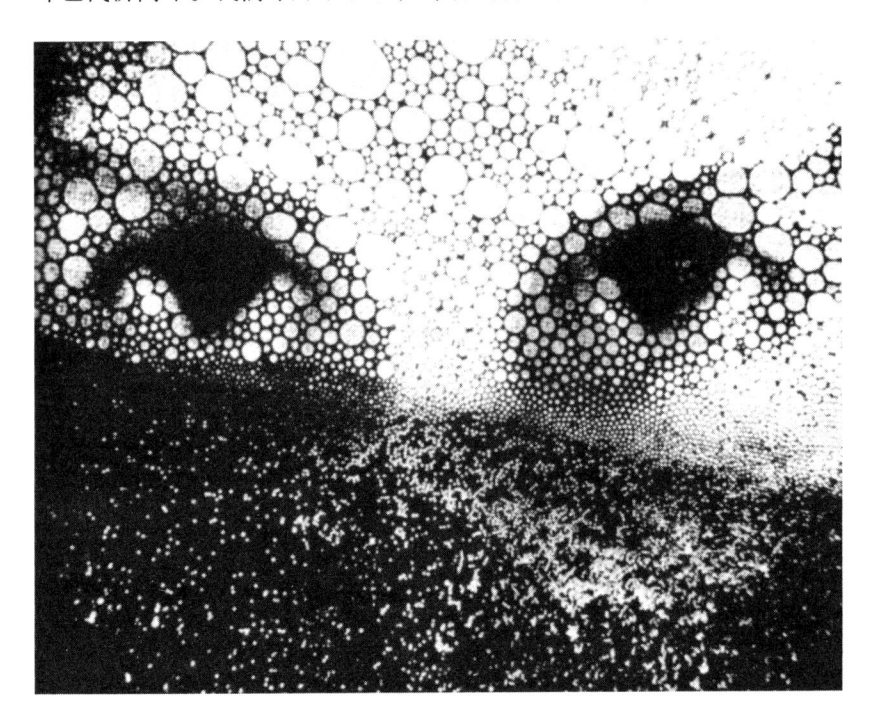

图10-5　上帝创造了所有的亏夫流，你则创造了所有的亏夫爆裂。

第十一章　打破坚不可摧的整体

"生存还是毁灭"，这不是问题，而是答案。

——弗雷德·艾伦·沃尔夫

合二为一之时

我第一次接触量子力学是在1958年。那时我在洛杉矶加利福尼亚大学攻读物理学的高等学位。量子力学方面的教科书之一是大卫·博姆所著的《量子理论》，这是一本不寻常的大学物理教科书。或许你已经发现，物理教科书一般都很晦涩，书中满是破译不出的公式，就好像编制这些公式的是机器，而不是人。

博姆的书是一个例外，里面的文字竟然多于公式！从题目上看，他所讨论的问题似乎与物理没有什么干系，"这个世界隐匿的统一性"、"需要一个（对自然的）非机械性描述"、"思维过程的不确定性原理及确定性面向"和"爱因斯坦、罗森与波多尔斯基的悖论"是博姆在书中讨论的问题，也对我的思想产生了深远的影响。

1973年，我获得一个机会在伦敦大学伯克贝克学院物理系做两年访问学者。在1973到1975年这两年间，我与博姆教授进行过几次讨论，那时他是伯克贝克学院理论物理研究的学术带头人。

博姆提到具有同步性、违背因果律的量子关联，比如"非局部性"。后来，他在与巴兹尔·希利在伯克贝克学院合写的论文中写道：

量子理论指明的一个重要新特性就是非局部性，亦即，在进行分析时，我们不能将一个完整的系统分解为基本特性并不依赖于整体系统的各个组成部分……这引出了一个全新的见解：整个宇宙坚不可摧的完整性。

量子力学激励了此类想法，物理学家们逐渐意识到经典力学对于宇宙的描述不可能是完备的。不过，问题依然是："如何理解这个世界？"如果实相的组成元素——诸如一个物体的位置或者它穿越时空的轨迹——会随着一个人对于观察的选择而消失，那么，给我们留下来的还真不多。基于物质世界的实相充斥着诸多自相矛盾的行为。

甚至我们所谓的"空间"与"时间"也值得重新商榷。所谓坚不可摧的完整性与古希腊人对这一概念的理解并没有什么两样，你无法分析它，也无法将其分解。如果你非要这样做，你所得出的结论或者结果肯定不在这一原始整体所涵盖的范围之内，你所得出的是你分析行为的结果。如果整个宇宙都是这样的，那么我们对于空间与时间的体验肯定也是一系列观察行为的结果。

如果我们能够以某种方式在不干扰它的情况下进入这一整体，我们会在那里发现什么呢？我们能否发送且收到信号呢？甚至"信号"这一概念也牵涉到我们最深的偏见之一：对于空间的偏见。博姆和希利如是说：

首先，我们想指出，在相对论中，"信号"这一概念在确定不同空间区域的可分性时扮演着最基本的角色。泛泛而言，如果A与B两个区域是分开的，那么人们会假定可以通过信号将它们连接在一起。反之亦然，如果A与B看起来并没有分开，那么连接它们的信号也就没有或几乎没有任何意义。因此，信号存在的可能性暗含着分离，而分离则暗含着借由信号将二者连在一起的可能性。

如果整个宇宙是一个不可分割的整体，信号就失去了存在的意义。在某种程度上，量子力学为亏夫表面上的各个空间点提供了瞬时沟通，然而，我们却不能说这些点是彼此分开的，它们本是一个点！

在某种程度上，我们可以说这些点在空间（与时间）上是彼此分离的，信号可以在它们之间传递。因此，前面例子中的两位观察者A与B既是分离的（他们可以借由速度低于光速的通常方式给彼此互发信号），又是并未分离的（A的观察行为立刻影响到B的实相，就像影响他自己的实相那样）。

你可能很难理解两个非常不同的空间区域怎么可能同时既是彼此分离又是紧密连接的。为了能够更清晰地了解这种情形，让我们一起回到以前举的那个例子：自相矛盾的立方体。如果你还记得的话，我们能够以两种互补的方式观看这一图像：一个具有不同侧面的立方体或者由点与线组成的抽象图案。

现在假设空间中有两个这样的立方体，它们彼此完全独立，互不影响。这时有两个观察者走过来，分别观察一个立方体。两个立方体以及两个观察者之间看上去并没有什么联系，因此，如果我们进行比较的话，会发现他们的观察顺序也完全是随机的。比如，第一个观察者可能会看到，她所观察的立方体的下侧面处于前方，之后，她又看到上侧面处于前方，或许，几秒钟之后，她又将其看做是由点与线组成的抽象图案。如果我们用编码来记录她的观察行为，U代表立方体的顶面在前方，L代表其底面在前方，P则代表完全不分前后的抽象图案，这位观察者的观察顺序则为：PPLLULUUUUPULULU。

第二位观察者也以随机的P、L及U的顺序观察其立方体，比如UPPULPULPPPLUUPU。借由比较这两个PUL顺序，就可以确定它们之间是否有什么关联

没有关联的量子立方体

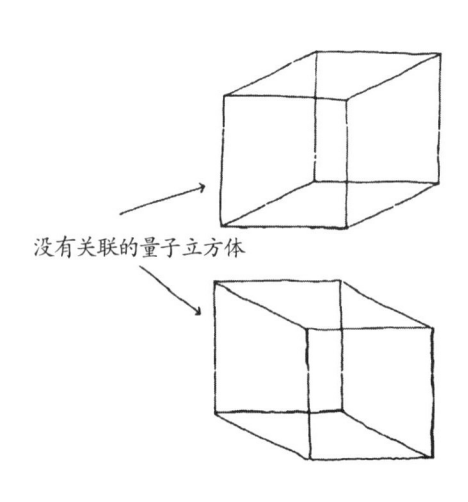

图11-1 没有关联的量子立方体

及相似性。当然，在这种情况下，因为我们无法控制观察者所做的选择，也无法控制立方体的哪个侧面位于前方，两个观察者的观察顺序之间将不会出现"交叠"。当然，会有一些巧合出现，不过这些巧合是没有规律或秩序的。

然而，现在假设两个立方体过去曾有过相互作用，也因此它们之间具有一定的关联。这种情形类似于EPR悖论的描述。事实上，博姆正是运用两个旋转粒子之间的关联来对此进行描述的。现在假设正有人观察这两个曾经有过相互作用的立方体。同样，我们无法控制观察者的选择，每个观察者都能够自行决定是将他或她所观察的"立方体"看做是立方体，还是一个由点与线组成的抽象图案。

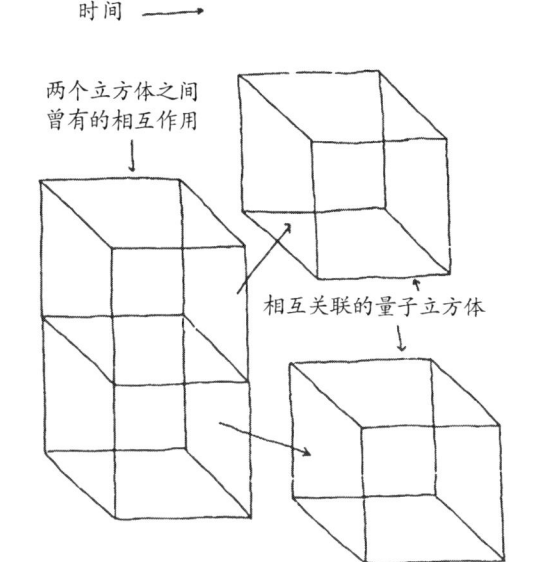

图11-2 相互关联的量子立方体

然而，如果两个观察者碰巧都将他们所观察的"立方体"看做是立方体，那么我们就能够看到他们观察顺序上的相似性。例如，假设第一个观察者的观察顺序为ULLULLULLUPPLLUULLUULLUUP，第二个观察者的观察顺序也为ULLULLULLUPPLLUULLUULLUUP，换言之，二者以完全相同的方式观看立方体，不过，他们中的任何一个人都不会觉得另一个人在控制他们在U、L与P中做出选择的能力。

每个观察者的观察顺序都是随机的，它完全取决于观察者一时的兴致，比如，两个观察者都无法"强迫"立方体呈现L的状态。然而，当

161

我们去比较他们的观察行为时，巧合出现的次数实在是多得令人惊讶，就好像两个观察者看到的完全一样，就好像他们共享一个心智，而且这一心智所观察的只是一个立方体。

然而，却存在着两个立方体与两个观察者。只有在比较了他们的观察记录并知道对方的观察顺序后，二者之间的"一体性"才呈现出来。

我就是这一完整的宇宙

万物之间的这一"量子连结"可以帮助我们更好地理解为什么人类竟然具有理解能力。时空中任意两点都同时处于既分开又未分开的状态。爱因斯坦的光速对时空的可分性设定了明确的上限，当时空中的两个点被传播速度低于光速的信号连在一起时，这两个点处于分开的状态；而当信号的传播速度达到光速时，它就开始失去其存在的意义。事实上，爱因斯坦的理论预测说，无论是空间还是时间都不会为了光粒子"现身"。这一违反直觉的结论直接来自于爱因斯坦的狭义相对论，这是因为我们所观察到的结果：光速是一个常数。任何一个观察光从光源行进至接收者的观察者都会得出同样的测量结果：光的速度是恒常的，无论即使观察者与光源以及/或者接受者之间存在着相对运动亦如此，或者，也无论观察者的运动速度有多高，都是如此。

如果光速确实是固定不变的，那么对空间与时间的度量——我们通常认为它们是固定不变的——就不是固定不变的。空间与时间都是相对的。这意味着，任何时间段，无论它显得如何固定不变，如何"凝固"，在另一个观察者眼中，都有可能变长或变短。就"非刚性"而言，任何长度或距离都不得不忍受同样的难堪。

因此，运动的钟表走得更慢，运动的拉杆会收缩。相对于观察者而言，一个物体运动的速度越快，它的钟表走得就越慢，它也变得越短，这一相对性的上限为光速。一个光子的钟表——如果它有钟表的话——

将会是如此的慢，甚至根本不会有时间流过。而我们所观察到的它从一点运行到另一点的距离则为零，对于光子而言，这两点都是一点，亦即"当下"这一点。

运动速度超过光速时，一个物体或意识将会完全从空间与时间的禁锢中解脱出来，它可以随意"拜访"任何时间段，无论是过去还是未来；也能够于瞬时间来到任何一个地方，宇宙处处都是它的家。量子力学对这一诗意的想法有所暗示。宇宙并不是无数个分离点的集合，它是什么取决于观察者的想法与行为。透过认同这个世界的"量子整体性"，观察者"成为"被观察者，你是你所见。

EPR论文发表后不久，埃尔温·薛定谔开始深度关注量子力学所描述的实相，他早已苦思冥想过此类哲学问题。

别忘了，据说薛定谔曾对尼尔斯·玻尔大喊说："如果非得被套牢在这该死的量子跳跃上，我真后悔自己当初曾被牵扯进来。"玻尔回答说："不过我与其他人都很感谢你，感谢你对此作出的贡献，因为你，这一理论才有今天。"后来薛定谔写出《生命是什么？》使量子物理与生物学握手言和。他在所写的两篇长杂文《我的世界观》中将自己描述为深受东方世界观影响的神秘主义者。在写于1925年的第一篇杂文中，就是在他提出薛定谔方程之前，他宣称：

> 你拥有的生命并不仅仅是宇宙这一整体存在的一部分，在某种意义上，它就是"整体"，不过这一"整体"并不是那么简单，我们无法瞥一眼就能够了解它。正如我们所知，它就像婆罗门用他们那既神圣神秘又简单明了的公式所描述的那样：它就是你！或者，也可以用其他诸如此类的话语来形容："我既在东，又在西；既在下，又在上。我是整个世界。"

薛定谔的话果真具有预言性，虽然他的预言是自我实现的那种预言，因为他所创造的数学方法使得量子物理学家们不得不以这种方式看世界。我本人认为"我是整个宇宙"这一观点是量子思维的先决条件，

第十一章 打破坚不可摧的整体

图11-3 梵高的《播种者》：观察者成为被观察者，它就是你，你就是整个"你之宇宙"。

"我是整个宇宙"在我心目中，就好像是一个心智正在观察自己并接纳"自身地位的悖论性"，这与量子跃迁真是吻合得严丝合缝。

我将薛定谔眼中"整体"所处的地位称为量子唯我主义，对于唯我主义而言，"我"是世上唯一可以被知晓与证实的，其他的一切都是不确定的。根据量子唯我主义，世上一切的一切都取决于你，你创造了整个世界，你就是"你之宇宙"（译者注：作者将宇宙这个词"universe"谐音写成'you-niverse'，"you"是"你、你们"的意思）。你是如何做到这一点的呢？答案是：运用你的心智。为了能够理解这一过程，让我们来一起看一看心智的建筑结构——亏夫。

想象力的建构：亏夫

如此以自我为中心的世界观所引出的问题，其答案并不是那么浅显易懂，甚至很不容易理解。如果这个世界是存在的，不过却不是坚实地存在，而且在我出场前还不是客观存在的，那么它到底是什么呢？最佳答案似乎是：这个世界只是一个潜在的可能性，在你或我观察它之前并未真正进入现实。从本质上讲，它是一个幽灵世界，每次当我们中的某个人观察它时，它便会突然摇身一变，变成坚实的存在。这个世界的所有事件都具有成为现实的潜在可能性，能够却尚未真正地被我们看到或感知到，直到我们中的任何一个人去观察或感受它为止。

如果我们接受这一描述（虽然这实在是怪异得很），便可以理解许多过去看起来相当神秘的事件。举例说明之前，让我们先来检视一些基本的概念。排在第一位的就是当前我们对经典实相的理解，目前似乎存在着两种从根本上讲截然不同的实相。

我将第一种实相称为"外在世界"，构成它的是所有外在——我们一致认为它是外在的——的经验、感受与事件，树叶离开树枝飘摇落地，车在红灯前停下。如果我们认为任一事件或一系列事件已经发生，我们通常指的是这一或者这些事件发生在"外在世界"。我知道我的这一定义并不是非常的严密，这只是一个大概的定义，而且我是故意这样做的。因为，根据这一定义，任何群体幻觉都是一个发生于"外在世界"的实相。许多外在实相都具有重复性，而且也是可以测量的。物理学家们所讨论的实相，都是外在的实相。

然而还有另一种实相，我们对这一实相都有着相当的了解，它就是我们"心智的世界"。在这个世界中，发生的许多事情都与我们于"外在世界"中所体验到的寻常经验格格不入。我称这一心智的世界为"内在世界"，它由想法、梦境以及对外在世界的描述——颇为相近或象征

图11-4　多雷所画的《堂吉诃德》：堂吉诃德将其内在世界投射到外在世界，并发现想象的世界比他想象的更加接近现实。

性的描述——构成。字母与数字都是描述外在世界的象征符号，它们是由内在世界创造的。在内在世界中，魔术不断，而我们几乎都是不假思索地接受。通常，内在世界中的事件（梦、想法与象征符号）与外在世界中的事件（我们所看到、感到、尝到、嗅到或听到的）有着直接的关联或一致性。此处，我的定义又不是很严密。梦游者会以为自己所感受到的事件发生在梦中，在这种情况下，梦游看起来仿佛是内在的实相。心理学家们所讨论的心智实相指的就是内在实相。

那么，根据量子物理，还存在着第三个实相，它同时具有"内在"与"外在"实相的特征，我将这第三实相看做是心智世界与物质世界之间的桥梁。因为同时具有内外两个世界的特征，第三实相既具悖论性又充满了魔力，它严格地遵守因果律，换言之，因果法则处处彰显在这一实相中。唯一的问题是，遵循因果律的不是物体（至少不是通常意义上的物体），而是"幽灵"！而且这些幽灵完全是自相矛盾的，可以同时出现在两个或两个以上的地方，甚至可以同时出现在无限多个地方。如果我们用这些幽灵来描述物体时，它们就很像波，也因此它们最初被称为"物质波"。现在，人们称其为"量子波函数"，或者像我一样给它们贴上"亏夫"的标签。之所以称其为函数是因为它们具有函数的性质，就是说，它们的运算或运作依赖于某些事物，亏夫所依赖的事物是空间与时间。亏夫一直在不断地变化，在我们没有观察它们时，它们的变化以有秩序的因果方式进行，很像淘气的小精灵。

如果我们能够以某种完全不观察的方式观察亏夫——因为观察行为会干扰这些量子小精灵，就会看到一些非凡的冒险故事。可能亏夫小精灵正在玩分身，它们恶作剧地互相复制对方；此外，你可以将它们加在一起，还可以数数一共有多少个亏夫小精灵，不过，就像那些透明的幽灵一样，你把它们加在一起之后，就和没加一样。

宁为玉碎，不为瓦全：亏夫相加

想象我们能够"看到"在第三实相中所发生的一切。不要忘了，我们并没有真正地观看或观察，否则的话我们就会看到通常所看到的那些事情。就像那"自相矛盾的立方体"一样，将这一"立方体"看做是一个坚实的立方体相当于我们看事物的"通常"方式，没有任何幽灵介入其中，只有一些怪异的、不断爆裂的、正在进行量子跃迁的粒子。不过，在第三实相"看"这个"立方体"，就好像是将其看做是由点与线组成的图形一样。从某种意义上讲，在第三实相的"观看"是一种叠加，是在外在实相中观看这一立方体的两种通常方式的叠加。

物理学家将此观看方式称为"态叠加原理"。当我们讨论波纹之间的干涉时便已经接触到了这一原理,德布罗意在分析玻尔原子中的电子时所构建的"蛇吃尾巴"的画面也运用了这一原理。薛定谔的波是波叠加——两个波加在一起——的另一个例子,在玻尔关于波粒二象性的理论中,我们也遇到了同样的想法。这一叠加的主要特性是:1加1可能是0、2或者二者之间的任意一个数值!

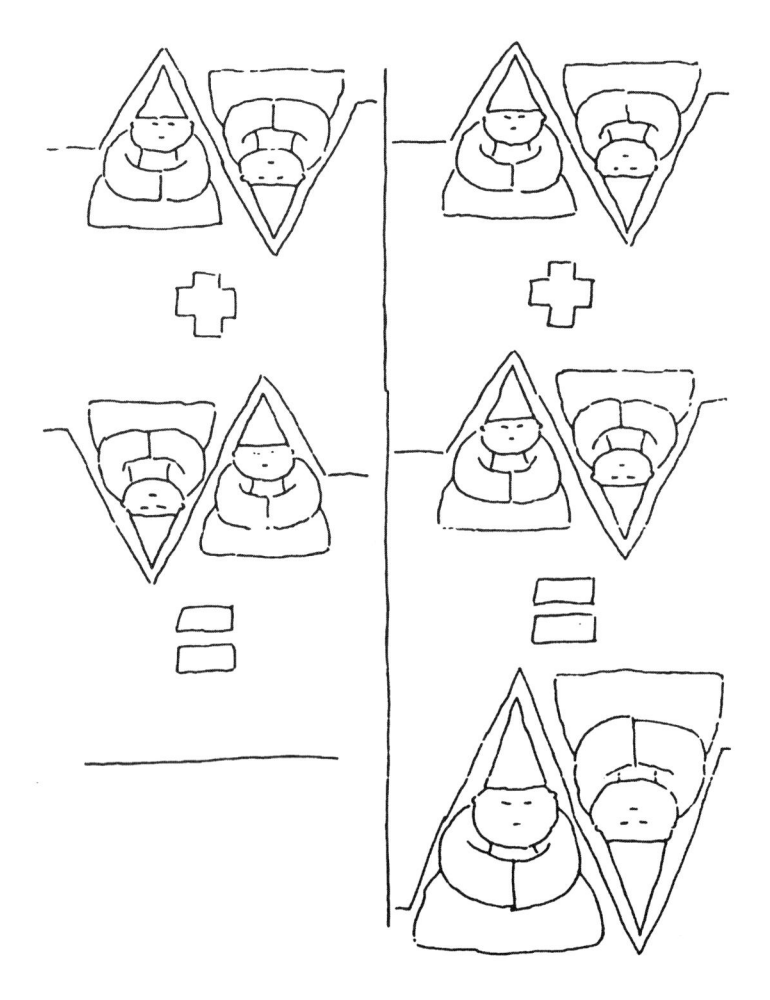

图11-5　亏夫相加

现在让我们来将两个亏夫（叠）加在一起。上一页的两个图中，这个戴着尖帽子的佛一般的形象，有时端坐，有时倒立。现在我们将倒立之佛看做是端坐之佛的对立面，每当倒立佛与端坐佛相遇时，他们便会互相抵消，因此说他们之间的相互作用是毁灭性的。然而，两个端坐佛或两个倒立佛彼此相遇时，则会互相加强，就是说他们之间的相互作用是建设性的。

第一个图中，两个亏夫（叠）加在一起，其结果为零。第二个图中，两个亏夫叠加后产生的亏夫，其幅值是叠加前每个亏夫的二倍。如果我们将每个图中上方的亏夫看做是一个想法，下方的亏夫是与其对立的想法，那么第一个图所展示的就是对立想法的抵消作用，而第二个图所展示的则是再次肯定某一最初想法所起的加强作用，因为想法的运作方式与亏夫完全相同，想法不仅存在于你的心智，也存在于时空之中，因此，我们或许开始看到我们的想法是如何彰显于这个物质宇宙的。想法创造了亏夫，而因为亏夫是我们对这个世界的了解与认知，对世界的正面想法便会创造出一个正面的世界。当然，负面想法所起的作用正相反，会创造出一个负面的世界。亏夫遵循因果定律，按照某一数学描述来运作，薛定谔方程则为我们提供了这一数学描述。

此外，亏夫还有一个神奇的特性，它们不仅能够叠加在一起，继而消失，还能够增殖并同时出现在两个或者更多的地方！

同时在两地出现：纠缠的亏夫

亏夫魔法的第二个特点是如此的怪异，甚至其创建者也不愿接受这一事实：它们能够纠缠或增殖并创造出一个随时都可以同时出现在多处的新亏夫，每个新亏夫都是其原始亏夫一模一样的复制品。亏夫是如何纠缠的呢？借由发生物质层面上的相互作用。它们为什么要纠缠呢？为了了解彼此。

第十一章 打破坚不可摧的整体

因为对亏夫魔法以及EPR悖论的关注，薛定谔写下了一篇不同凡响的论文，来描述亏夫的纠缠与增殖特性。就像他的大多数论文一样，这篇论文也充满了生动的隐喻与象征。他所关注的是：当两个物体——两个真正的物体——相互作用时都会发生些什么？它们的亏夫会发生何种变化？薛定谔将亏夫称作是"物体的代表"，就好像大使是一个国家的代表一样。当两个物体发生碰撞时会发生什么呢？就像电影《奇爱博士》中扭斗在一起的美国与前苏联的代表，这两个物体的代表也纠缠在一起。正如薛定谔所说的那样：

当两个系统——我们借由它们相应的代表而获知它们所处的状态——因为它们之间的吸引力而暂时发生物质层面上的相互作用，经过一段时间的互相影响，两个系统再次分开，此后我们就不能再用此前对它们的描述来描述它们，就是说，不能再为它们分别指派各自的代表了。我不认为这是使量子力学完全远离经典力学理论的唯一特性，不过这却是在其中扮演了重要角色的关键特性。两个物体之间的相互作用导致了它们的代表（亏夫）之间的纠缠，我们需要获取更多的讯息才能够使它们不再纠缠……尽管我们已经最大程度地了解这一过程。

当薛定谔说尽管我们已经最大程度地了解这一系统，却还要继续搜集讯息，他到底是什么意思呢？既然我们已经知道了能知道的一切，又怎么可能获取更多的知识呢？

薛定谔的猫

在已经知道自己所能知道的一切的情况下，还继续获取讯息的唯一方法就是观察这一系统，因为我们的观察行为会干扰这一系统。这一系统的特性取决于我们对它提出何种问题。薛定谔曾类比说，量子系统就像是一个疲劳却聪明绝顶的学生，当你问他第一个问题时，他会毫不犹豫地给你一个正确的答案；不过因为回答第一个问题使他变得如此疲惫，当你问他第二个问题时，他肯定会答错，你提出这两个问题的顺序对此没有任何影响。

薛定谔提问学生的问题就像是一个物理学家对自然提出的关于位置与动量的问题。在先测量动量的情况下，一个系统的动量会如我们预期的那样；与此类似，如果先测量位置，系统的位置则会如预期的那样。不过，在上述任何一种情况下，被测量的第二个物理量都会与预期相悖。在下面这个例子中，一只猫正处于生死攸关之际。

想象一个钢制密闭容器中有一个具有放射性的原子，它的半衰期是一小时，就是说，含有大量此类原子的样品材料，一个小时之后，样品中的原子数量只剩下最初的一半，另一半已经因为辐射而"衰变"或"消散"。因此，一个小时过去后，该原子已消失或依然完整无缺的可能性各占50%。

然后，继续想象这一原子所发出的射线击中了一个光电池，从而启动了一个实验回路，使得有毒气体进入并充满容器；在射线击中光电池的一刹那，不幸逗留在容器中的任何生物都会中毒而死。现在，想象容器中还有一只不明真相的猫（所有爱猫的人，请原谅我，这例子是薛定谔想出来的），一小时后，当我们打开容器时会看到什么呢？活猫还是死猫？

是什么掌控着猫的命运？根据量子力学，掌控猫的命运的是你——如果你是那个打开容器并发现猫的人。最初，你与猫之间互相独立，没有什么关联，不过，随着时间的流逝，容器里的猫出现了两个可能的亏夫版本，一死，一活。时间缓缓流过，死猫版本出现的可能性渐增，而活猫版本出现的可能性则越来越小。一个小时后，二者存在的可能性相同，各占一半。

在容器中发现一只死猫，并不是什么令人愉快的事。因此，等待打开容器的你同时拥有两种心智状态，一是看到猫还活着而满心欢喜的心智，还有一个则是看到死猫伤心不已的心智，轻微的精神分裂症。在某

薛定谔的猫进入容器，观察者静静等待。

猫在容器中，随着时间的推移，死猫亏夫逐渐增强。

死猫亏夫与活猫亏夫势均力敌，观察者也具有"两种心智"。

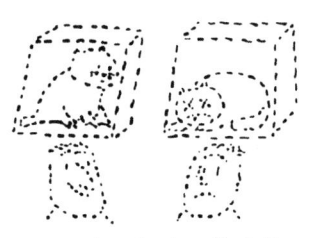

为了简便起见，将两种心智与两种猫亏夫分开。

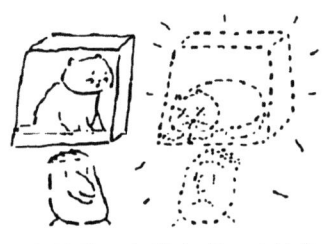

亏夫爆裂，容器中有一只活猫。

亏夫爆裂，容器中有一只死猫。

图11-6　薛定谔的猫及其观察者可能经历的冒险

种意义上，宇宙也一分为二，成为两个宇宙。其中的一个宇宙中有一只生龙活虎的猫和快乐的你，在另一个宇宙中则有一只死猫和伤心欲绝的你。此时此刻，这宇宙的分裂与你无关，其导火索是密闭容器中猫与原子之间的相互作用，"猫—原子互动"创造了宇宙的分裂。对你来说，只有一个宇宙，而你正在其中！

然而，在你打开容器的那一刻，又会发生什么呢？就在这一关键时刻，量子力学开始踌躇不前。当然，你肯定会立刻知道猫的命运如何，不过你是如何知道的，这一点并不是那么清楚明了。不同寻常的是，新物理学根本就不可能解释清楚这一简单的发现，没有任何一个数学方法能够预测猫存活的概率。想知道猫是死是活，你就必须打开并干扰容器，这就是薛定谔所说的获取更多的讯息。尽管既有数学理论已竭尽所能描述了一切，但却并不完善。

不过我们耳畔中依然回荡着这个问题：如何才能完善量子力学？玻尔与海森堡对此缄默不语。作为一个理论，它已经相当完善了，我们对其不完善性负责，我们在其中起着至关重要的作用。真是这样吗？

或许我们过高估计了自己在其中所起的作用，或许有某些隐变量控制着量子物体的神秘行为，也或许还存在着其他的解释。下一章我们将看一看各种不同的解释方法，这些解释都源自于EPR早期的想法，连续主义者依然没有缴械投降。

第十二章　计穷途拙

> 或许并不存在什么"闪闪发光的宇宙中心机制",对于等待我们去发现的珍宝而言,对其更好的描述应该是"魔法",而不是"机械装置"。
>
> ——约翰·惠勒

路易斯·布努埃尔的精彩电影《自由的幻影》中有一个片段,讲的是法国大革命中一个极其出乎意料的转折,革命者们哭喊:"打倒自由!我们要暴政!我们要死亡!"确实,自由的代价高昂。对安全感的古老需求侵入了我们的乌托邦之梦,我们都想知道冥冥中有某一力量在掌控着我们,难道不是吗?我们都在寻找某一比我们这些凡人更伟大的存在,不是吗?比如某一我们看不到却对一切负责的存在或力量?

那么,量子物理学家不断地寻找能够将量子物理从魔法世界变回充满廉价戏法之客观宇宙的隐变量,也就不足为奇了。不过,是不是真有一个隐形的秩序?爱因斯坦和他的朋友——波多尔斯基与罗森——关于量子力学之不完备性的推论真的正确吗?如果他们是错误的,"实相"这东西到底又是什么?难道就像是罗宾·威廉斯的专辑《实相/真是一个概念》所说,仅仅是一个概念,仅仅是我们的想象?

直到1965年,答案似乎依然是:没有人知道这到底是怎么一回事。事实上,甚至无人知道如何以理智的方式来提出这个问题。确实有几个颇具争议的、关于"隐变量"的理论出现,比较著名的有大卫·博姆以及他后来的合作伙伴所提出的理论。尽管这些理论思路精巧，却只吸引了少数物理学家的注意，因为大部分物理学家都在忙着将量子力学应用于日常生活中，比如核物理。不过，就在这时，约翰·贝尔出现了。

约翰·贝尔是一位来自威斯康星大学的物理学家，他利用学术休假在斯坦福线性加速器中心以及欧洲核子研究中心工作期间，在名为《物理》的新期刊的第一期中发表了一篇论文，论文题目为"关于爱因斯坦、波多尔斯基与罗森的悖论"，此时，EPR悖论已经面世30年。他以定理的形式阐述了自己的论点，并表明任何试图为量子力学创造隐形可变地基的尝试都难逃失败的命运。换言之，根本就不存在任何隐变量，绝对不存在。我们生活在一个禅的世界，就像匹诺曹一样，我们身上没有任何细线。

寻找操控我们的隐形细线——我们都必须遵守的隐形秩序——是我们人类的天性之一。第一个将其与量子力学联系在一起的人是理查德·费曼。他发现，即使一个粒子能够同时沿着两个或两个以上的轨迹运行，它依然可以是一个粒子。

寻找无形的秩序

我第一次观看根据塞万提斯作品《堂吉诃德》改编的音乐剧《梦幻骑士》时，深受触动。我也有自己不可能实现的梦想，也觉得自己有着伟大的人生使命，我梦想能够为宇宙做出有意义的贡献，比如获得诺贝尔奖或者发明根治癌症的方法，梦想能够铲除世上的一切不义，我的心中充满了幻想。

迄今为止依然如此。我寻找隐形的宇宙秩序，我想要知道上帝的创造方式，我不满意自己因为是人而受到的局限，海鸥乔纳森（译者注：《天地一沙鸥》一书中的主角）可比不上我。"我的上帝，我要知道，我要知道！"万世巨星耶稣基督悲叹道。在我们进化成为超意识存有时，都必须如此。

　　我拥有一个"自我"，更糟糕（或许更棒）的是，我是一位物理学家。我受过的教育便是借由世界各个分离的部分、从因果关系、彼此之间互相推拉的角度去"看"世界，在我那不断寻找秩序的心智中，任何事情都肯定有其原因，我完全沉入了对错分明、善恶分明的世界，更重要的是，因为我是一位科学家，我完全沉入了一个"秩序"与"混乱"分明的世界。

　　如果我的梦想真有意义就好了！"意义"这个概念建基于我们对这个因果世界——这一客观实相的世界——的集体与个人需求，"愿我的幻想永生"是我们所有人的愿望！客观实相是一个梦，这个梦（或许有的人称其为噩梦）未能持续多久，我们开始集体醒来，从这个梦中醒来。可是，下一个体验就是真正的实相吗？或许，它只是另一个梦，另一个梦想世界？

　　想象力即是推动力，是梦，是对无形秩序的寻找，我们都觉得这一无

图12-1　多雷的画作《醉人之梦》：人生是梦？如果真是如此的话，谁又是做梦者？

形的秩序就在这个我们都已经习惯了的世界之外，在这一生命假象之外。

长久以来，我们一直以为冥冥中有无形的秩序左右着我们。大约公元100年，希腊学者希罗就对秩序深感好奇。或许有一天，他和朋友一起徜徉在阳光明媚的海峡，看着阳光在水面上漾起粼粼的波光，他的脑中闪过一个问题：为什么我朋友的倒影看起来好像是来自水面下，而且和她的位置完全相同？他目测光线的轨迹，发现了一个有趣且影响深远的秩序：宇宙真是经济得很，光线总是选择最短的反射途径进入他的眼帘。

1500年后，皮埃尔·德·费马用玻璃以及我们那"经济节俭"的媒介——光——自娱自乐起来。光线从空气进入玻璃或者其他任何媒介时都会发生弯曲。我们都知道那个古老的弯曲吸管试验，就是说将吸管放入盛满水的透明玻璃杯时，会看到它仿佛发生了弯曲。

费马很好奇，为什么光选择了弯曲的路径？很快，他就找到了答案。光不仅经济，而且高速。光总是选择光源与观察者双眼之间耗时最少的路径，即使需要穿越多层不同的媒介亦如此。因此，我们所看到的吸管之光仿佛是弯曲且失真的，因为它选择的是最廉价、最有效的路径。真是令人心安啊！

大约在同一时期，公元1650年，荷兰物理学家克里斯蒂安·惠更斯思考上帝的开场手势，设计出一台更加先进的望远镜，并用它清楚地看到了土星环。或许他也同样对光的经济性感到惊讶，然而，如果光真的这么具有经济头脑，它是怎么知道自己是这样的呢？换句话说，当光选择了某一路径的时候，它怎么知道下一步所选择的方向是正确的呢？

惠更斯看待光的方式与他的前辈不同。在他的心目中，光以波的形式向外传播，每个波前都一丝不苟地复制在它之前的那道波，就像池塘中的涟漪一样。不过，惠更斯看到的可不仅如此，他想象每一个波前都有上千甚至上百万个微小的传输站，就像战士一样沿着波前边沿整齐地排成一列，队列中的每一个战士都发射出一道脉冲，一声斗志昂扬的呐喊，而且每一声微弱的呐喊，即使微弱得几乎听不到，合在一起便成了排山倒海的咆哮。

每一声微弱的呐喊都送出一道环形的波纹，这些既有波峰又有波谷的波在空间与时间中传播，并与相邻的呐喊在与波前边缘垂直的方向上互相加强，而在其他所有方向上，则会出现混乱，呐喊的声音随机地混在一起，变得混杂失调。战士们必须沿着耗时最少的路径，能够被听到的路径前行，这条路就在他们面前。

惠更斯充分地发挥了他的想象力，即使是今天，所有的光学课都会教授他构建光波的技巧，而这只是一个机械性的小把戏，真是让人长舒一口气呀。光并不需要预先具有什么知识，便会自行传播，它自始至终都在路程最短的路线上沿着耗时最短的路径一路前行。一路上，它不断在所有可能的方向上送出左挡右闪的小波，而只有费时最短的路径才会显现出来，因为所有其他的路径都在混乱与嘈杂中互相抵消——光波的波峰与波谷乱冲乱撞，从而互相抵消。

这个想法影响深重，好事是，光是波。之所以这么说是因为，如果光不是波，如果光终归还是粒子，那我们又该如何解释其行为？20世纪40年代的美国物理学家理查德·费曼就是这么想的，在惠更斯提出其理论大约三百年后，正在攻读博士学位的费曼发现了一些神奇的事情。

费曼发现，诸如棒球及台球等经典粒子也遵循"某一变量最小"的路径，后来他发现，这一变量就是"作用量"，它也是构成普朗克量子常数的量值。每一次的相互作用都有大量的"作用单元"从一个物体传递给另一个物体。费曼发现经典粒子在宇宙中遵循"作用量最小"的路径运行。无论一个物体如何运动，它都会尽量维持能量的平衡，以使其作用量最小。一切物质都以极其经济的方式运作，尽量最低限度地干扰、破坏动能与势能之间的平衡。

希罗所看到的光之最短路程，费曼所发现的弯曲光线之耗时最少的路径以及惠更斯的小波都必须遵循隐形秩序的路径，光依秩序而行。费曼发现任何事物都遵循同样的秩序，无论它是光还是棒球。

创造物质实相其实很简单，学着以尽量维持能量平衡的方式运动。然而，如果物体处于完美的平衡中，它根本就不可能运动，要不然宇宙就是一个疯狂透顶的宇宙。

我们是否已找到这一隐形的秩序？我们是否已经走完整个探索的旅程？这个世界是一个被某一经济却有些廉价的神所掌控的巨型机器。换言之，所谓合法的宇宙就是一个具有经济性的宇宙，一个平衡的宇宙。

后来人们发现，这一最小作用量原理甚至比牛顿的运动定律更具威力，因为后来的科学发现表明，甚至电、磁与光都遵循这一原理。然而就在这时，费曼指明：

> 粒子如何找到正确的路径呢？……如果你说粒子选择的是作用量最小的路径，那么你所有关于因与果的第一反应都会彻底乱套。它是否去"嗅闻"近旁的所有路径以判断它们是否具有更大的作用量呢？

图12-2 费曼：粒子如何找到正确的路径呢？

如果我们戏弄光，让它进入错误的路径，又会怎样？我们能愚弄光吗？回答是：能。我们愚弄光时所发生的现象被称为衍射，亦即光的弯曲以及与自身产生的相互作用。实现这一点的方法是阻碍光的自然路径。费曼强调：

> 如果我们放置障碍物从而使光子无法探测所有的路径，就会发现它们想不出该选择哪条路径……

光粒子迷了路，这听起来似乎很奇怪，然而，诸如棒球等寻常的粒子呢？费曼继续说：

> 粒子不仅仅只是"选择正确的路径"，而且它还察看所有可能的轨迹，这是真的吗？如果我们放上一些障碍物，使它无法察看，那么它会像光那样运作吗？……奇迹当然是，它确实像光那样。量子力学的定律正是这么说的。

换言之，我们可以使物质像光那样运作。我们能够阻碍物质从一个地方到另一地方所要经过的自然路径，使它与自身发生相互作用，像光那样与自身相互抵消。这个世界遵循所有对它开放的路径。

费曼希望能够发现上帝如何为物质确定秩序。他发现，所有可能的路径——包括作用量最小的路径——都对一个原子级粒子的经历有着不可忽视的影响。粒子神奇地遵循它能够找到的从现在到未来的所有路径，越多越好。后来，休·埃弗里特在这一发现的启迪下，构思出量子力学中那怪异的平行宇宙理论。借由挡住自然路径或作用量最小的路径，我们就会观察到量子干涉效应。借由"所有的路径都对粒子开放"的观点，费曼可以使我们放弃任何与量子波函数有关的描述。

不过，他的理论并没有如此强的说服力，互相干涉的路径或波对我们来说依然是一个谜。

贝尔定理：共享地下室的房屋

物理学家也是人，他们和大家一样，也有恐惧与喜好。他们对温暖及安全感的需求，以及对幸福的追求也无异于他人。然而，量子力学似乎摧毁了我们所有关于安全与可预测性的传统信念。量子力学实在不是很"友善"，它既不单纯也不直白，因此，在友善的牛顿经典力学熏陶下长大的物理学家们常常会因量子力学没有为那些寻找确定性宇宙的人提供一些安慰而愤怒不已，或者烦恼不已。

所有可能的未来

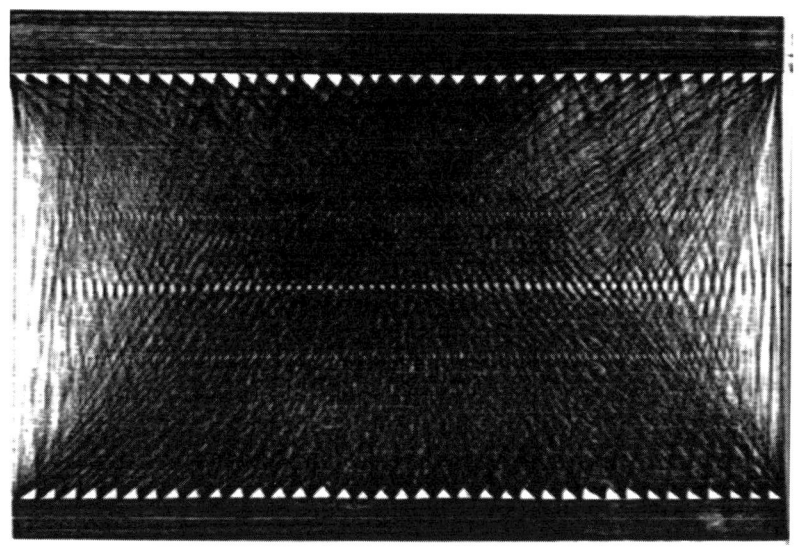

所有可能的过去

图12-3　过去和未来的不确定性

正如所有的物理学概念，经典物理概念也无法侥幸逃脱各种实验的严酷考验。一个理论看起来再美丽、再优雅，如果不符合事实，也是错误的。一颗遥远的星星在若干年前发射出的光子进入我的眼帘，如果我那时没有看到它，它是否还存在呢？这个问题使人想起一个古老的难题："如果林中一棵树倒下，却没有人听到，它倒下时是否有声音呢？"答案似乎再明显不过：当然有声音。光子肯定存在，就像倒下的树所发出的声波一样，无论是否有人看到或听到都如此。至少这是经典力学给出的答案。

不过，遗憾的是，量子力学似乎对此颇有异议。根据量子力学的观点，只有在我看到光子的情况下，它才会以我视网膜上一个斑点的形式进入存在。因为不确定性原理——它否认物体同时具有确定的空间位置与运动轨迹——的缘故，物理学家们在某种程度上"被迫"接受这一观点。然而，假设不确定性原理只是显示了我们的无能，假设外面真有一个物理世界，只是我们像往常那样探索它时倒霉地将一切都搞得一团糟，整个世界因我们那麻木、不计后果的方法而隐藏起来，不肯露面。量子力学并不否认我们在每一个测量过程中都扮演着一定的角色，那么，量子力学是否也有某一尚未显现的潜在秩序呢？

五十年代早期，大卫·博姆脑中或许就出现过这样的想法。博姆带领一群异口同声、追随爱因斯坦提出的"上帝不赌博"之梦的人，试图重新找到隐变量。博姆重写薛定谔方程，将其改成统计力学领域的人比较熟悉的形式，并借此点明经典力学与量子力学之间的主要区别，这一区别就是方程中所用到的一个术语，它被命名为"量子势"。

量子势作用在经典粒子上的方式，与力的作用方式极其相似。因此，量子势能够使粒子的运动加速或减速，就像重力势作用在行驶于山间高速路的汽车上一样。不过，量子势也有其独特之处，它依赖于量子那些无数个可能位置的分布情况。尽管粒子最终只有一个位置与一条路径，我们却不可能真正地确定这一独特性，因为我们并不知道粒子会在这些无数个可能位置之中选择哪一个。

尽管俄国物理学家弗拉基米尔·福克觉得博姆的观点"从哲学上来说是不正确的"，却没有人能够以信服的方式对博姆及其追随者提出质疑。不过，玻尔的追随者很快就在关键时刻力挽狂澜，掀起了新一轮玻尔—爱因斯坦辩论。

那是1957年4月。第九届科尔斯顿研究协会研讨会在英国布里斯托尔举行。会议期间，博姆提出了他在爱因斯坦理论启迪下对不确定性原理的看法，与玻尔同辈的莱昂·罗森菲尔德则为玻尔的互补性理论辩护。

博姆认为，存在某一隐形实相层面的可能性否定了不确定性原理（根本不存在比量子理论更具确定性的理论）的各种潜在假设，然后他继续强调说，或许我们根本不可能找到这一隐形的实相层面。罗森菲尔德辩论说，这个世界正如我们所体验的那样，如果隐变量真的存在，它们肯定与我们的体验有着一定的关联，而且一定会显现出来。量子过程那特有的完整性以及在任何观察过程中都必须面对的作用量子的不可分性，否定了更具秩序的无形实相层面的存在，我们在观察宇宙的过程中根本无法不干扰它。

这仿佛是说，既然我们无法观察一样事物却不改变它，那最好还是放弃"即使我们未观察某一事物它也存在"的想法。然而，约翰·贝尔及其奇怪的定理出现了，贝尔提出了一个论据，证明那些渴望拥有一个更深刻、更具机械性、更符合因果规律之实相的科学家们所追求的隐变量理论只会展现出一个更差劲的秩序。根据贝尔的理论，真正的粒子是存在的，不过它们遵循异常怪异的秩序，这些秩序近似于我们所谓的心灵感应现象。

我们怎么会形成如此怪异的世界观呢？对于约翰·贝尔来说，问题的中心在于，我们将世界任性地分割成一个个事物以及事物的观察者。量子力学并未真正告诉我们分割线到底应该划在哪里以及谁在观察什么。贝尔感到研究隐变量的问题可能会为我们提供一些线索，他着了迷似的阅读马克斯·波恩所著《因果与机遇的自然哲学》一书中关于"不确定性物理学"那一章，此外，他还阅读了博姆于1952年所写的关于隐变量的几篇论文。然后，他决定在《物理学评论》14期刊上发表他的观点，不过因为编辑的失误，贝尔于1964年所写的这篇论文，于1966年才得以发表。

在这篇评论性论文中，贝尔指出杰出数学家约翰·冯·诺伊曼（他认为隐变量是不可能存在的，因为这不符合量子力学的理论）早期的数学论证过于严格，贝尔成功地创建了一个隐变量理论，这一理论认为粒子是高速旋转的。

自相矛盾的是，他撰写这篇评论时，也同时在撰写另一篇驳斥这篇评论所得结论的论文。贝尔对EPR悖论甚为着迷，他在第二篇论文中所阐述的理论后来被称为"贝尔定理"，此处他证明了任何"局部"隐变量理论都无法再现一切量子力学的统计预测。

这篇论文中的关键词是"局部性"，意思是"发生在某一精确位置"。局部性的隐变量只会对某一特定位置的事物产生影响。例如，一瓶香槟酒等着我去享受它，我打开香槟瓶，砰的一声，瓶塞爆出瓶口，直冲天花板。瓶塞爆出瓶口的情况取决于瓶内气泡的活跃程度，这一切就发生在我的面前，非常具有局部性。酒厂将来自同一酒桶的香槟灌入瓶中，不过最后香槟的口味如何完全取决于每个瓶子的内部情况。那些在开瓶前将香槟置放在阳光下的笨蛋们没有任何理由抱怨香槟不好喝，而他们的草率行为当然影响不到我的香槟酒，我可是将我的香槟细心地保存在凉爽适宜的酒窖中。因此，局部变量还是相当讲理的。

非局部变量可是一点都不讲理。改变某处它们之中的任一变量，在另一处立刻就会出现相应的反应。换言之，非局部变量是我们的老朋友，亦即爱因斯坦关联。贝尔的论据显示，仅仅影响周边环境的隐变量所导致的可观察结果与量子力学的预测相悖，换句话说，如果存在着行为合理的隐变量，它们引起的可观察结果却一点儿都不合理。怎么会不合理呢？因为它们改变了实相。

现在我们再看一看贝尔定理的第二部分：局部隐变量无法再现一切量子力学的统计预测，此处的关键词是"统计"，我们所有人都深受统计的影响，确确实实地生活在一个统计的世界中。统计数字告诉我们人类寿命大约是70岁，狗则低于20岁；统计数字也告诉我们最高安全行车速度是多少，我们能吃多少，生活费用或者医疗保险费用又都是多少；它们甚至主宰着我们能看到什么电视或电影。

统计学能够帮助我们看清主宰人类行为的潜在法则，无论统计对象是棒球、飞船、原子还是人，统计学所描述的是惯常行为，亦即我们对某一观察行为所应有的期望。所以，当我们观察到某一现象，并为其贴上"反常"或"偏离"的标签时，我们的意思是，我们所观察到的现象不符合统计学的预测。

举个例子来说，用来确定美国人都看哪些电视节目的著名的尼尔森电视评估系统，仅仅是通过1000多台电视，就能够让评估者确定整个美国都在看什么电视节目。为什么呢？因为使用尼尔森公司所提供电视的家庭是典型的美国家庭，他们是样本。如果某天晚上700多台电视都在播放《欢乐时光》，评估者便会得出全美70%的家庭都在观看这部电视剧的估测。然而，假如使用尼尔森电视的人们决定抱成一团，共谋行事又如何呢？换句话说，假设他们商量好都看全美公共电视网播出的《我，克劳迪斯》，而不是《欢乐时光》，就会出现一个相当偏离统计数据的现象，因为全美70%的人都看全美公共电视网的节目，而这几乎是不可能的事。

确实如此，贝尔定理表明，局部隐变量会创造出偏离量子物理预测的结果，就像刚刚假设中尼尔森电视系统的同谋者那样。然而，迄今为止，尚无人观测到任何偏离量子力学预测的现象，因此，如果隐变量存在的话，那么它们所遵循的法则一定不是局部性的。

因此，非局部隐变量或隐参数被看做是能为一个确定性的世界提供地基的唯一因素。为了能够拥有一栋秩序井然的房屋，你需要一个集体网络地下室，就是说，地下室为整个街区的所有房屋共用。"非局部性"只是"局部性"的反义词，一个非局部参数发生变化时，会立刻影响到并不在它附近的物体。比如，如果真有某些非局部隐变量控制我正在打开的香槟瓶，它们也会影响到与我的香槟同一批出产的所有香槟。因此，我打开瓶塞时，其他那些香槟的碳酸气体饱和度也会降低，而这一令人不悦的气泡减少现象会同时出现在所有同批出产的香槟中，就在我开启香槟的那一刻。诸如此类的确定性世界会为我们的实相提供一种因果基础，曾经在过去与我们有过关联的任何一个人，他或她心血来潮的行为会立刻影响到我们。贝尔总结说：

> 如果一个理论将某些参数加入量子力学中，以便在不改变统计预测的前提下确定某些独立测量实验的结果，那么其中某一测量仪器的参数设置就必须能够远距离影响到另一个测量仪器。此外，测试信号的传送还必须是同时的，这样，这一理论就无法……（满足EPR悖论中爱因斯坦提出的异议。）

显然，决定论的代价实在是过于高昂。我们寻求隐变量的目的本是为了摆脱那些超光速幽灵，但是，如果我们非坚持要有一个可供观察的有序世界，则会发现地下世界真是充满了魔力。

隐变量所遵循的规则可比显变量要任性得多。我们对法则与秩序的寻求越深入，就会发现越多的幽灵、小妖精、怪物以及妖怪。"真的没有一丝希望吗？"经典现实主义者哭喊着问苍天。如果能够证明量子力学对这个世界的预测是错误的，那么这个问题的答案就是：确实如此。然而，迄今为止，量子物理的预测结果可是非常出色的。

深度探索实相与深度探索我们自己的心理层面很像。我想起了卡尔·荣格的心理学原型，现在被称为"集体无意识原型"。在某种意义上，这种原型形式深藏于一个被称为"无意识"的深潭中，据说它们存在于我们所有人之中。真是这样吗？我不敢苟同。而且，我不相信真有什么"集体无意识"存在，我们在寻找它时创造了它，就像物理学家寻找实相的潜在秩序时创造了"隐变量"一样。

因此，"隐变量"并不存在。这是为什么呢？原因很简单，我们根本不需要利用它们来解释任何事情。这个世界本就是自相矛盾的，而且从根本上讲也是不确定的，更深的挖掘并不会导致什么人类学上的发现，不过却会培养出人类从"不是"中构造出"是"的创造能力，因为在我们看到它之前，外在世界本就空空如也，所以我们所发现的只不过是我们自己，怪不得无论我们观察何处，看到的都是悖论呢。

我们就是我们一直在苦苦寻找的"空"。正如0同时是"+10"与"-10"一样，我们本就是由互补的特性组成的。如果我们非要寻找终极秩序或终极混乱，就会创造出一个怪物。我们所寻觅的早就已以想象的形式存在，或者说因想象而存在。我们的想象一直在变，它们自由驰骋，没有任何禁忌。如果量子物理对实相的描述能够经得起考验，一直保持其正确性的话，或许这个世界上就几乎不存在任何不可能的事情，正如一位物理学家所言：凡是不禁止的，都是必须做的。

我们找到了隐变量：就是我们自己！

几年前，我去物理学家约翰·克劳泽在加州大学伯克利分校的实验室拜访他，我们一起参加了一系列关于贝尔定理的讨论。克劳泽是最先尝试测量贝尔定理所设定界限的物理学家之一。他的实验结果证实了量子力学的理论，亦即，如果隐变量存在的话，那它们就是非局部性的。我走进克劳泽的实验室，看到门上贴着这一节的题目，忍不住笑了。这句话是根据沃尔特·凯利笔下的喜剧人物波戈的不朽名言改编的："我们找到了敌人：就是我们自己！"

克劳泽的实验测试了我们为物质实相赋予的内涵，具体地说，就是客观性与局部性，他将其简称为O+L，或者OL。从一开始到现在，这本书一直在讨论客观性，它的含义是：人类的想法对物质宇宙的存在不起任何作用。与客观性对立的是主观性——这个世界就是我所看到的那样。色盲者眼中的颜色就被主观地影响着，与此相同，而我们是否喜欢某个人的个性，也是主观的。

一个不存在客观性与局部性的世界便是主观世界，它只有一个组成元素：我。这是量子唯我论者的世界。

量子唯我论者的世界与笛卡尔的"我思，故我在"之间存在着一定的相似性。量子唯我论者说："我就是那唯一的实相，外在的一切都存在于我的心智之中,如果想要改变实相——将某一客体改变成不同的客体——的话,我只需改变我的心智。尽我所能改变我的心智,这个世界就会成为我想看到的那样。我之所以无法获得激动人心的戏剧性成果,诸如飘离地面、像在空间中旅行那样轻而易举地穿越到过去或未来,可能因为我缺乏想象力。"

与唯我论相似,我们还有一种思维方式,它被称为实证论。实证论者认为,感官知觉是获取人类知识的唯一途径,我们的知识完全来自于我们的感受。作为对比,让我们将客观性与局部性也加进来。客观性意味着物质实相,局部性的意思是:此时此地所发生的任何事件,导致或影响它们的,仅可能是与此时此地有着物质关系的过去事件。

现在,再让我们看一看哲学家卡尔·波普写给约翰·克劳泽的信,克劳泽的实验证实了客观性与局部性都是不可能的。他的实验表明,同时具有客观性与局部性——我们想当然地认为这二者是我们世界的基本特性——的世界并不是我们所生活的这个世界。我们的世界遵守量子力学的规则,而且量子力学否认物质实相与局部性。克劳泽与霍恩于1974年在《物理评论D分刊》发表了一篇论文以展示他们的研究结果:

> 物理学家们一直坚持不懈地试着用客观实体来建模分析微观现象,这一实体最好还具有可定义的结构。本文重点强调了一个问题,亦即,我们能否以某种方式重塑或重新诠释量子力学的现有形式,以恢复自然世界的客观性,并因此能够建立此类客观模型(无论它是否具有确定性),而我们发现以自然的方式是不可能做到这一点的,既符合局部性,又不明显地改变试验预测。

波普于1974年8月写信给克劳泽说:

> 谢谢你颇为有趣的论文。我依然无法相信"客观性+局部

性"是站不住脚的。事实上，我认为，尽管玻尔反对爱因斯坦的OL观点，他可能并不觉得"客观性＋局部性"是如此不堪一击。只不过现在，因为贝尔和你的研究小组，量子力学的含意才变得越来越明了；然而，同样明了的是，玻尔对此已有所觉知，虽然他拥有的或许只是一种朦胧的觉知。（不过，维格纳认为量子力学暗含唯我论的观点，他这么想是对的。那就是说，量子力学肯定是错误的，你与弗里德曼带给人沉重打击的实验结果也无法对此做出任何改变。不要忘了，由奥地利物理学家马赫提出的实证论反对原子论）。

> 我现在真是困惑不已。如果实证论在客观上是正确的，那我为什么要接受客观性是"空中楼阁"呢？

克劳泽的实验结果对客观性与局部性极其不利，不过，从支持量子力学这一角度来讲，它似乎又显示了实证论与唯我论更接近真理，这真是奇怪至极。忽然间，外在世界中的每一个人都是你。

现在我们举一个量子唯我论的实际例子。人生是一个伟大的老师，不过，我们常常搞错它带给我们的讯息。你是否注意到某些人是多么的顽固？或许，不久前的某一天，你对某个人说："你对这件事的观点太顽固不化了。"也或许你发现伴侣一直没完没了地唠叨你不想再提的一件事。他们为什么要这样呢？在客观性与局部性主宰的世界中，外在世界就是你所感知的那样，他人既愚蠢又顽固。你只不过是这一事实的观察者，而且还善意地向这个愚蠢的人指出了这一点。或许你的观察对这个人大有益处，他可能说："谢谢你指出这一点，最近这些日子我有些担心日本金橘的价格，所以才这样。"

你所观察到的那个人的顽固就是一个关于客观性的例子，他承认自己在为金橘价格担忧则是关于局部性的例子。如此这般，你们之间出现的问题并不是因为你的影响，而是他的错。你是否觉得这个小例子所描述的情形对你来说并不陌生？对这一情形基于客观性与局部性的解释听起来是不是很合情合理的？

让我们再重新检视一下这个例子，这次从量子唯我论者的眼中来看。那个人其实就是你。他的顽固并非他的性格品质，而是你的想法的投射。如果他看起来愚蠢，那就是说，你看到的是"你认为愚蠢的事情"，换言之，你看到的是你自己的愚蠢与顽固，他人只不过是你的镜子而已，他按照自己的方式行事，你如何看待他的行为，正为你提供了了解自己的机会。你所体验到的他的情绪与态度，其实正是你自己的情绪与态度。

量子唯我论者是一个强大的个体，毕竟他就是整个宇宙。他以神奇、有益的方式运用自己的力量。他运用自己的心智。或许我们苦苦寻找的隐变量就是心智？

第四部分 我们疯了

第十三章　意识与平行宇宙

我身上没有细线。

——匹诺曹

我是什么样的机器？

如果我们身上没有操控我们的细线，为什么我们体验起世界来就好像身上有细线一样？物理学诺贝尔奖得主尤金·维格纳相信，意识改变世界是因为它改变我们估量未来的方式。就是说，我们之所以以目前这种方式体验世界，是因为我们选择了这一体验方式。通过一个被称为"维格纳的朋友"的有趣例子，我们可以看到一位朋友的意识如何改变实相，并导致意见上的分歧。

然而，意识这东西到底是什么？它在量子力学中又扮演着什么角色？1957年，休·埃弗里特三世在普林斯顿大学完成了数学物理专业的研究生学业，他的博士论文为这个问题提供了一个匪夷所思的答案：量子物理并不需要意识。意识不会改变未来，甚至可以说，所有的"可能未来"都会真正发生！宇宙并非一个杂乱无章、意识不断改变、迈着醉汉步伐趔趄前行的单一宇宙，而是存在着无数个"平行宇宙"，每个宇宙都以秩序井然的亏夫流走向未来，而我们则存在于所有这些宇宙层面中！

就其本质而言，所有这些宇宙都是平行的，没有任何交叠。因此，我们只能够觉知到自己生活的这一宇宙层面，对其他层面则一无所知。

我们每一个行为都会引起相互作用，就像是徒步旅行者路上遇到的岔道一样。只不过，旅行者无需做出任何抉择，他同时走在两条岔道上，不过他只觉知到其中的一条。

在埃弗里特眼中，所有观察者都只不过是一台有记忆的机器而已。在每一个单独的宇宙层面上，那些貌似的崭新体验是因为不确定性原理，无数个宇宙层面组成了宇宙这一量子机器，意识则是这些层面之间的量子连结。换言之，我们是量子"希伯来假人"（译者注：希伯来传说中有生命的假人）。

希伯来假人：有意识的机器？

"希伯来假人"的故事可追溯到中世纪德国的犹太聚居区。虔诚的灵性领导者洛是一位神秘的、充满魔力的卡巴拉教的大师，他将自己掌握的魔法运用于"实践"，创造了一个希伯来假人，它为处于痛苦与抗争中的犹太人服务，帮助这一受压迫的群体。"他用黏土塑成假人，向它吹了一口神灵之气，将它变成一个执行神奇之事的人。"今天的我们，是否也能够重复这位大师的神迹？

1973年秋天，我第一次遇到希伯来假人。我获得了伦敦大学伯克贝克学院物理系的一小笔科研经费，用以制作描述离子与分子之间相互作用的计算机生成影片。成功后，我决定将这部影片提交给将在苏格兰爱丁堡举行的计算机艺术节。在那里，我遇到了来自伦敦大学机械工程系的艾德·伊赫纳托维奇教授。伊赫纳托维奇教授拥有一个创造力非凡的头脑，更令人称奇的是，他同时也是一位享有盛誉的艺术家与雕塑家。不过，在我继续讲述伊赫纳托维奇的故事之前，让我来先讲一讲这个艺术节。

每年秋天，爱丁堡市都会举办一次艺术节。这为期一周的盛会是为了展示欧洲的各项新艺术，包括表演艺术。近年来，计算机也以艺术媒介的身份成为一个单独的项目。一位天才创造者甚至创作了一场"计算机芭蕾舞"，舞蹈演员的服装可真是地道的奇装异服。

伊赫纳托维奇教授参展的是一部描述他"雕塑作品"的影片，当时，那真正的"雕塑"正陈列在荷兰爱因霍芬博物馆。它看起来像一个巨大的拼接组合玩具，长得像一只史前野兽，比大象大一些，从身形上看更像长颈鹿。而且，它还会动！教授在这一机械装置中放置了极其敏感的声音接收器，它会根据声音在音调与音量上的变化做出不同的反应。接收器被固定在这一"生物"的头上，就像耳朵一样。

孩子们被这只"野兽"憨傻可爱的动作深深地迷住了。它响应孩子们的尖叫声，将高贵的头低下来到孩子们嘴边的位置，孩子们的笑声不断。它听他们说话，并试着将它的"耳朵"凑得更近一些。也就是说，它会一直静静地聆听，直到孩子们不经意地发出令人不愉快的噪音为止，这时它会惊慌地扬起头，逃离这场不愉快，再次傲慢地高昂起头。

这部影片以及野兽创造者的发明创造力给我留下了深刻的印象。不过，这只野兽娱乐小朋友的方式并非这一发明中最具魅力的部分，尽管这本是其设计目的。每天早晨，博物馆的工作人员一开门总是看到野兽的头枕在地上，好像它正在甜甜地酣睡，这真使他们迷惑不解。一旦它"听"到他们的声音，它就好像刚刚大梦初醒一般，立刻寻着工作人员那低沉、令人愉快的声音向他们看去。因为这一行为并未被纳入野兽的控制程序之中，人们一时很难弄明白它晚上为什么会"睡觉"。难道它感到无聊了吗？它好像真的有生命！这一怪异行为引起了一阵小小的轰动。

然而，人们很快就找到了这一行为的原因。你能猜出是什么吗？原来，在某种意义上讲，它真的感觉有些百无聊赖。博物馆一关门，喧闹声也被关在门外，隔音良好的展馆内，只有一些馆内设备发出的声音打破无边的寂静。发出声音的设备之一是楼下的一台空调，就在野兽的正下方。野兽静静地聆听空调发出的那令人愉悦的嗡嗡声，就像一个孩童聆听妈妈的心跳那样。因为没有其他声音作伴，野兽找到了它周围唯一的一个"活生生"的伙伴：另一台机器。

不知怎的,野兽的行为使我深受触动。后来我问伊赫纳托维奇教授他的作品出乎意料的行为是否对他有什么影响,他回答说,在他的众多发明中,这种情况对他来说并不罕见:总会出现一些出乎意料的事情。那么是否可能会有如下的情形发生呢:我们造出一台复杂精妙、有思想的机器,它频频做出各种自发的智能行为,使我们惊讶不已。这样的话,生物与机器之间到底又有什么区别呢?

如今,造出智能机械设备——希伯来假人——的可能性比以往任何时候都大,这一点是毋庸置疑的,因为电子电路微型化技术——芯片技术——获得了空前的发展。根据《未来生活》杂志近期的一篇文章,以前储量为100万字符的计算机存储器,其硬件体积为11立方米,而现在则仅有0.0008立方米,就像美国棒球那么大。随着硬件技术越来越微型化,我们最终将会进入量子物理的领域。或许,我们就是量子机器。

维格纳教授的心智

爱因斯坦曾经评论说,关于宇宙,唯一难以理解的一点就是:它是可以理解的,我们能够理解并找到人生与这个世界——每天早晨当我们从睡梦中醒来时都如期进入我们眼帘的这个世界——的意义。可是,这一切又是如何进行的呢?你与我怎样达成共识,找到这个世界的意义呢?从量子力学的角度来看,这可真是一个很严肃的问题。不断演变的未来"仿佛"从属于过去,我们"仿佛"被自己的过去所牵制。我们就像是受人操纵的木偶一样,为什么会这样呢?

尤金·维格纳为我们提供了一个答案。这位诺贝尔物理学奖的获得者表明,我们的意识借由改变我们而改变世界,它影响我们估量未来的方式。它是如何做到这一点的呢?借由改变我们自身的量子波函数,我们的亏夫。因为我们的亏夫蕴含所有的可能未来,我们的意愿将那些可能的未来转化为现实,导致这一结果的便是我们与任一事物相互作用时所获得的印象。维格纳如此描述这一过程：

> 在某一相互作用的过程中，一个人所获得的印象可能——而且一般来说确实——会改变这个人在之后的互动过程中所获印象的可能性。换言之，印象……我们也可将其称为观察结果，会修正系统的波函数。经过修正后的波函数……在印象……进入我们的意识之前是无法预测的：正是因为印象进入了我们的意识，才修正了我们对"预期将于未来获得的各种印象"的估量。也正是这一时刻，意识不可避免也不可改变地进入了理论。

因此，我们所体验到的世界就好像是过去或者某一"天上的操控者"的傀儡，因为我们无法准确地控制自己的选择所导致的结果。借由选择，我们最终都是自己之喜悦与忧伤、富裕与贫穷以及所有经历的始作俑者。不过，我们因此所获得的印象却是无法预测的，它们修改我们的波函数，就像小提琴手的手指那样按在琴弦上，改变小提琴发出的声波。你就是小提琴手！现在是走出你的"时间屋"安全的"过去"之室内，爬上"未来"之屋顶的时候了。正是因为这些印象都是不确定的，所以你才拥有如此的力量。你是"屋顶上的小提琴手"，不过琴弦发出的声音却不一定完全符合你的期待。

此处我想强调的是我们作为一个单独个体所拥有的力量，影响我们日常生活的力量。量子力学明确地说明了没有任何事件是预定的，无论它以何种形式发生。我们的世界不只是一个小小的世界，归根结底，它也是一个禅的世界。或许你会对此持反对意见，并声称你无法做出改变，因为人们已经知道你是一个什么样的人，你根本无力改变任何事。不过，行为可塑却不可分割的量子却证明了你是错误的。

甚至，我们关于"记忆"这一概念也需要修订。不留情面的量子表明，过去与未来都是被创造出来的，根本没有过去，也没有未来。我们以不可预测的方式持续不断地创造过去与未来，仅此而已，根本没有什么隐秘讯息。我们权且以这本书为例——仅仅是作为一个例子，如果正在阅读这本书的你感受到"你之存在"这一压倒一切的事实，你就于这一刻改变了你的未来。你不能不感受到一种权力感。没有人认识你，你也不认识任何人。

"等等！"你说，"我当然认识我女儿。知道为什么吗？因为她现在就站在我的面前。你到底在说些什么？"你想知道我们如何能够体验同样的事情，并借由沟通知道我们正在这样做。令人惊讶的是，量子力学能够为这一令人困惑的问题提供答案。

我们是如何共享同一个实相的呢？让我们来以两种不同的方式来回答这个问题。首先，让我们看一看维格纳教授举的一个有趣的例子，这个例子后来被称为"维格纳朋友悖论"。我们将在下一节中扩展讨论这一例子，再下一节的主题是我心目中关于实相最匪夷所思的想法。尽管维格纳的朋友借由意识活动创造实相，平行宇宙理论则使我们彻底地摆脱了意识！不过，请做好心理准备，以免大吃一惊。取代意识的是一个异常神秘与神奇的"企业"，因为我们生活在无数个不断互相影响的宇宙中。

维格纳朋友悖论

意识是宇宙中的创造元素，没有意识，也就没有任何事物出现在这个世界。没有耳朵，就没有声音；没有你打开容器，就没有薛定谔的猫，无论它是死是活。量子力学对此并未做出任何解释，尤金·维格纳更是简单地假定本就如此。尽管许多读者会反对我以这种方式使用"意识"这个词，我还是觉得有充足的理由将意识定义为"物质宇宙之外使亏夫塌缩，并在可能的情况下创造可见结果的元素"。

维格纳教授似乎同意我的看法。他是这样处理这一问题的。在你打开容器之前，有两个版本的猫叠加在容器内。就在你打开容器的那一刻，其中一个版本成为真正的猫，另一个版本则消失不见。就是说，你的心智对此负责，就在你知道猫是死是活的那一刻。为了强调这一点，维格纳为我们举了一个关于他朋友的有趣悖论。悖论是这样的：

维格纳的朋友正在进行一项实验。他将一个粒子放在箱子中，然后合上了箱子。根据量子力学理论，我们无法很好地定义箱子中的粒子。不过，假设箱子中的是驻波，这一波形告诉我们大概能够在什么地方找到这个粒子，而不是它真正在什么地方。此外，因为粒子受限于箱中，它的动量也是不确定的，它既可能正在向箱子左侧运动，也可能正在向右运动。

为了能够弄明白箱子里到底都有什么事情发生，维格纳的朋友决定同时打开箱子相对的两个侧壁。将相对的两个箱壁移开，会使驻波波形分裂成两个相对的行波。片刻之后，两个行波会经过它们的开口，此时，维格纳的朋友就会看到粒子正在箱子左侧（或者右侧），并记录下他观察到的现象。

就在这时，维格纳教授出现了。他对朋友说，他正在进行一项不寻常的实验，他这位朋友以及粒子都是其实验对象。教授将二者放入一个非常大的箱子中，因此，根据量子力学理论，甚至这位朋友对粒子的观察行为也分成了两个可能的版本。其中一个版本中，这位朋友看到粒子在小箱子的右侧，另一版本中，他看到粒子在打开的箱子的左侧。教授指出，就在他打开大箱子的那一刻，他对于朋友以及粒子的观察行为"创造了"正在观察粒子的朋友！换句话说，这位朋友以及粒子的存在应归功于教授的观察行为。

维格纳教授对这一悖论的解答先从将观察的责任交给朋友开始，继而，他朋友的心智创造了粒子的位置，因此，当教授打开大箱子时，他只不过是看到了已既成事实的情形。不过，这真是解决问题的方法吗？维格纳觉得这是唯一一个可以接受的解决方法。我们知道，意识或者说心智深受物理、化学条件的影响，那么，心智为什么不能转而影响那些条件呢？因此，维格纳被迫超越量子力学，以找出意识使亏夫塌缩并创造实相——从未被观察的潜在量子世界所观察到的实相——的方法。这

维格纳的朋友将一个亏夫关在箱子里。	亏夫是对一个粒子的描述。如果这位朋友打开箱子，粒子能够从箱子两侧逃出。	亏夫在箱子中奔跑，尚未探测到粒子。
啊哈！看到粒子了。亏夫塌陷并爆裂！	等等！有位教授正在观察这位观察者与粒子亏夫。	教授声称是他引爆了亏夫并创造了这位观察者的心智。

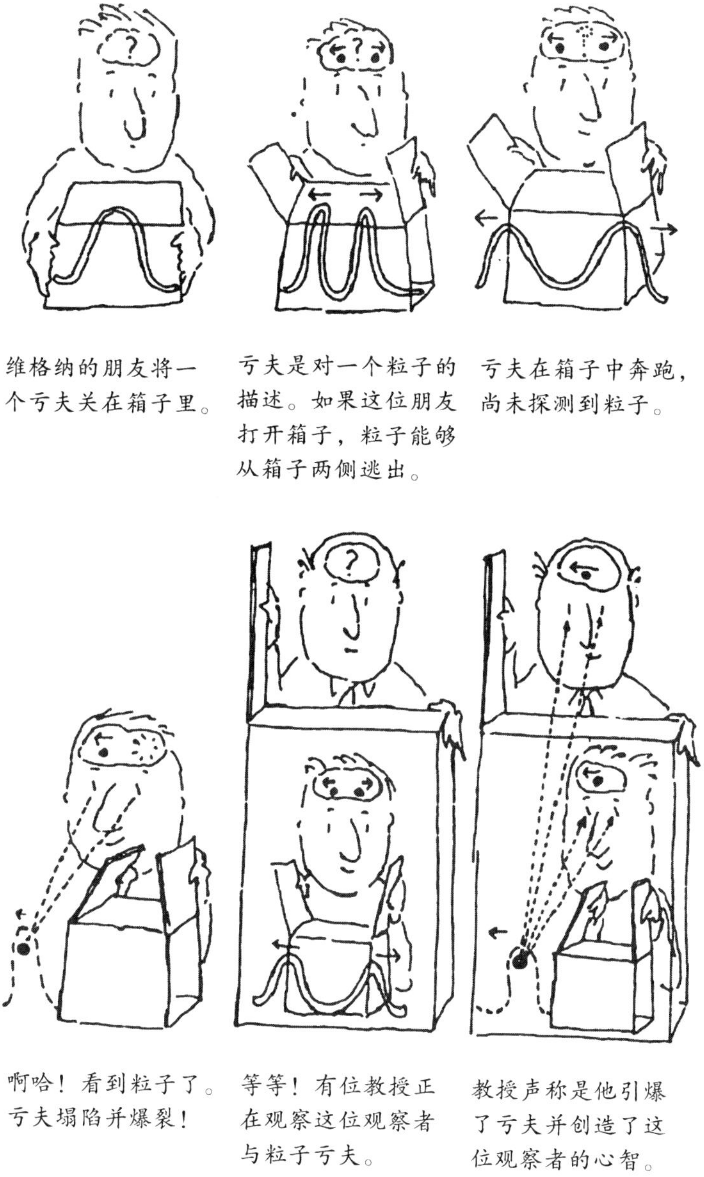

图13-1　维格纳朋友之寓言

今为止，尚无人知道如何通过建立一个完全经得住考验的数学模型来做到这一点。不过，我们真的需要超越那些已经够让人无法接受的量子物理假定才能创造世界吗？休·埃弗里特三世可不如此认为。不过，他提出的理论可能更加怪异，他请我们不假思索地接受量子力学的观点，并不是说我们创造这个世界之前，它仅仅存在于我们的心智中，它真的存在，而且所有的可能版本都是同时存在的。

无数的平行宇宙

埃弗里特为维格纳朋友悖论加上了幽默的旁白。[9]当维格纳教授表明是他"创造"了他的朋友及粒子时，他的朋友并未对此表示感激。恰恰相反，他指出，或许还有另外一位观察者将他们三个——教授、教授朋友以及粒子——全部放入了一个更大的箱子。因此，在这第三位观察者打开箱子之前，他们三者的存在可能都不是独立与客观的。

我们真的生活在一套嵌在一起的箱子里？而且每个箱子的存在都归功于碰巧将它装在其中的一个稍大一些的箱子？又是谁来打开那最后的大箱子呢？真有最后一个箱子吗？还是箱子无数，所有的箱子都等着上帝来观察自己的梦？如果只有一个梦者，而且我就是这个梦者，那么，我就是唯一的存在，除我以外，不存在任何其他的人事物。这是唯我论者的观点，绝对不是什么受欢迎的哲学。不过，在局部范围内，它却是严密一致的。为了能走出嵌套的箱子，埃弗里特提出了一个新的解决方法：实相所有的可能版本都真正地存在。

豪尔赫·路易斯·博尔赫斯在他的小说集《小径分岔的花园》中这样形容一个不同寻常的世界：

> 无数条时间线，相互背离、交汇与平行的时间线织成一张不断扩展、令人眼花缭乱的网。这张由互相趋近、分岔、交叉或者若干世纪以来一直互相忽略的时间线所织成的网，涵括所有的可能性。在大部分时间线中都没有我们的身影。在某些时间线中，有你而没有我；在另一些时间线中，有我却没有你；

然而，在某些时间线中，你我都存在。在这一时间线，机遇更加青睐我，你站在我的门前；在另一个时间线，你穿过花园，发现我已死去；而在又一个时间线，我说着与此完全相同的话，不过我却是一个错误，一个幽灵。

为了能够理解平行宇宙的概念，我们需要重新回顾一下量子力学对实相的诠释。最关键的问题是如何解释一个拥有多个观察者的宇宙。此外还需要了解我们——我们所有这些观察者——又怎么可能就彼此观察到的现象达成任何共识。

这为什么是一个问题呢？迄今为止，最常见的诠释假定世界以两个根本不同的方式而改变：爆裂或流动。爆裂是一位观察者的观察行为所引起的突然、不连续的改变。这一改变是突如其来且原因不明的，而且它是不可预测的，甚至量子力学也无能为力。因此，量子物理根本无法预测自然那变化莫测的行为。当这个世界"爆裂"时，便有人观察到某些现象；"爆裂"之前，宇宙则处于"未被观察"的状态。

这个世界也以连续、流动的方式变化。不过，以此种方式变化的不是这个世界中的物体，而是代表这些物体的亏夫，亏夫以连续、流动、因果的方式变化。然而，亏夫仅仅代表实相，它们并不是实相，正如一个巧舌如簧的大使，他代表一个国家，不过却不是他所代表的国家。他的国家或许正在经历一场严峻的革命，而他则满脸平静、若无其事地告诉我们，家里一切都好。

亏夫代表可能会发生于物质实相的事件。量子力学能够有把握地预测亏夫的行为，亏夫则能够无把握地预测物质的行为。如果亏夫以某种方式完全代表这个世界的话（或者以大使为例，如果我们有幸找到一位能够代表每一个民众的大使），这个世界便只流动不爆裂，那么这个世界就是完全可以预测的。

然而，原则上讲，这个世界并不是可以预测的，问题在于使亏夫爆裂的魔力元素。谁来决定这个世界何时流动（保持未被观察的状态），又何时爆裂（被某个人观察到）呢？爱因斯坦对这一两难境地的描述可谓是绘声绘色，他说，他无法相信一只老鼠仅仅是看了一眼宇宙，就能够引起剧变。如果老鼠没有引起亏夫的爆裂，又是谁呢？只有人类才能引爆亏夫吗？老鼠也生活在一个所有可能性都同时发生的亏夫幽灵世界吗？或许，当一只老鼠比做人要强得多。

从这一角度来看，维纳格朋友悖论看起来仿佛更现实一些。因为它没有一系列嵌套在一起的观察者——一个观察者观看另一个观察者，你自己就是嵌套在一起的完整系列。你的原子观察你的电子，你的分子观察你的原子，你的细胞观察你的分子，你的器官观察你的细胞，你的神经系统则监控你的器官。接下来，你的神经系统根据你大脑的指令而行动，你观察你的大脑，然后，观察你的则是……最后的责任由谁来负呢？在哪一点上实相才终于完全存在呢？量子力学并未告诉我们意识在何处翩然入场来记录事件。相反地，它告诉我们上述的一切从原则上讲是如何相互作用的。它预测说，在每个发生相互作用的层面上，都会出现分叉，有时甚至是多重分叉。它说，在每个层面上，作为相互作用的结果，会有若干概率相同的"可能路径"进入实相；就像"薛定谔的猫"那个例子一样，量子力学从来不说什么时候会出现一只单独的猫。就量子力学而言，亏夫代表所有的可能路径。

然而，如果假定意识存在于物质世界之外，那它又是从何处进入的呢？似乎并不存在什么便利的入口，以供心智触及亏夫并使其爆裂。我们可能永远也找不到一个与我们眼中的世界相吻合的进入方法，迄今为止，所有试图修改量子力学以将意识纳入其中的尝试都缺乏令人信服的解释。

埃弗里特列出了五个解释观察者悖论的方法，第一个方法前面已经提过，整个宇宙中只有一个观察者，每个读者可能都会为此感到高兴——你就是唯一的观察者！其他所有的人都遵循量子流动法则，他们处于一种蛰伏状态，或者说任何你所希望的状态，直到你翩然而至。只有你才能引爆亏夫。祝贺你！感谢你创造了这本书以及正在写下这些文字的作者。不过，在这种情况下，你对这本书的内容早就了如指掌。

第二、第三、第四个方法限制了量子物理的合理性。在某种意义上，它们都声称量子力学存在着一定程度的亏缺，需要获得补充。然而，从这本书中我们已经看到，以严密一致的方式增补量子力学却不使它变得比现在更加怪异——它已经够怪异的了，这实在不是什么容易的事。在这一点上，无论你在烘焙食谱中添加什么配料都会毁了蛋糕。

这样，我们就来到了埃弗里特的第五个也是最后一个方法。它简单明了地声明这个世界并不会出现"爆裂"。所有观察者的一切观察行为都是相互作用的，并因此遵从量子宇宙的因果法则。一切都是流动的，这个世界一直在以一种流畅的方式改变。不过，这却是一个由许多可能世界组成的离奇世界。只存在一个亏夫，主亏夫，它的所有分支在时空中延展，就像一个最庞大的网络。根本不存在什么意识，也无需任何其他的东西，什么都不需要。

老鼠并不会改变宇宙，宇宙改变它。它的每一次观察都创造出一个它自己的复制品，而且每一个复制品都像机器人那样自动地依照原版而行。不过，每个复制品都记得它在前一次相互作用时所观察到的情形，而且每个复制品都对其周遭环境中所发生的变化相当敏感。在一个老鼠宇宙中，老鼠记忆中的奶酪是白色的，而在另一个老鼠宇宙——平行宇宙——中，奶酪则是红色的。每一次老鼠与奶酪之间发生相互作用，主亏夫的"老鼠—奶酪分支"便会分裂成许多分支，老鼠有多少不同的味觉灵敏度，奶酪有多少种口味，二者组合起来有多少种可能性，就会分裂成多少个分支。如果老鼠的味觉极其灵敏，它能分辨出不同奶酪的味道，那么每一种味道的奶酪都有一个老鼠的复制品在品尝。从另一方面讲，如果老鼠分辨不出切达干酪与瑞士奶酪的区别，"老鼠—奶酪分支"就不会分裂成新的分支。不过，在上述两种情况下，老鼠都仅仅觉知到它自己的体验——它作为一只个体老鼠的个体性存在。

"对老鼠来说，这也不错。"你或许会说，"不过，对于人类来说又怎样呢？你肯定不会说我们人类也是机器人吧？"是的，我确实在说我们人类也是机器人。因为我们也只不过是亏夫的一个分支而已，任何可能发生的事情其实都真真正正地发生在与我们这个世界平行的宇宙层面中。

"不过我可是有觉知的！"你大喊，"我可不是机器，我远大于机器！"是的，确实如此，你是一个亏夫分支，存在于宇宙波函数的每一个分支上，而且，在主亏夫的每一个分支上，你只觉知到这一单独的分支，对其他分支则浑然不觉。这是为什么？因为这本就是这一分支的意义：各种能够相互作用的可能事物发生相互作用后的衍生物。而且因为所有的事物都可能发生相互作用，它们也确实如此，互相作用，互相影响。

"可是，为什么在我想要什么的时候却无法如愿以偿？"你可能会问。回答是：事物出现的方式不止一个，换句话说，有许多个分支。你碰巧所在的这个分支世界——就是你正在阅读这本书的世界——只是众多分支中碰巧更频繁地出现在你面前的一个，比其他的分支——在那些分支世界中你并没有阅读这本书——出现得更加频繁一些。

我们来举一个例子，以解释为什么我们只是觉知到我们碰巧所处的这个层面，以及为什么人们都能够觉知到彼此。我们将会看到为何我们能够就自己所观察到的事物而达成某种协议。此外，这个例子也会帮助我们理解我们因何会对发生在我们生活中的事情出现分歧。因此，从这一点来讲，我们也会了解为什么看到同一意外事故的几个人，对这一事故有着完全不同的描述。

人类是敏感的生物，他们会以非常敏感的方式响应各种刺激。比如嗅觉，空气中那么一点点难闻的分子就可以提醒我们，土豆烧糊了！确实，敏感性是生物的重要品质，而且我们能够运用人类的敏感性来帮助我们理解这个问题：我们如何能够同时存在于不同的层面——或者说主亏夫的宇宙分支——上却仅仅觉知我们所在的这一版本。

我们可能都听过类似的赞叹："天啊，她可真够敏锐的！"我们知道，说这话的人意思是这位女士相当聪慧。敏锐度这个词也可以被定义为"辨识不同或者从一团混沌中找出不同的能力",就好像是用锐利的工具切割。因此,敏锐的心智能够"切开"或分开各种不同的观察行为或结果。

想象我们找到这么一个能够辨别切达干酪与瑞士奶酪的人。奶酪已被切碎,因此无法从外观上来辨别它们,必须通过嗅闻与品尝来判断奶酪的品种。根据"多世界"版本的量子力学,一旦这位洞察力极强的女士品尝了奶酪,她立刻就分裂成众多副本,她尚未品尝的那批奶酪中每一个可能的品种都有一个相应的副本。而在每个宇宙层面上,她都只是觉知到自己所品尝的那个奶酪。这些层面颇为清晰明了,就像她味蕾的品味能力以及她觉察奶酪味道之不同的能力那样明确无疑。就在这时,来了一位朋友。

这位朋友可能是两种不同的朋友。一种是和她同样敏锐的高水平奶酪品尝家,另一种则是连利德克兰兹干酪与意大利干酪都分不出来的傻瓜。不过,让我们在此处假设这位朋友是位奶酪品尝家。这位女士请她的朋友也尝一尝奶酪,他当然不知道将要发生什么事情,亦即,就在他品尝奶酪的那一刻,他会立刻分裂成数亿个自身的复制品,每个复制品都幸福地对这一分裂一无所知。这位毫不知情的朋友尝了一口奶酪,如果他对于奶酪的品味与那位女士一样敏感的话,他将与她共享他的众多世界。因此,在这位女士品尝切达干酪的层面上,我们也会看到,她的朋友也在品尝切达干酪。

然而,这个故事还没完。这位朋友是否知道他所品尝的奶酪与这位洞察力很强的女士是一样的呢?这二位能否在他们共享的"主亏夫分支"上一起找到幸福?嗯,会的,如果他们同意他们品尝的是同一块奶酪。为了能够做到这一点,这位朋友必须同时观察这位女士以及奶酪,她和他品尝的是同一块奶酪吗?

为了能够确定她所品尝的奶酪与他一样,仅仅问她是不够的。品尝奶酪是一门艺术,它要求言语无法形容的洞察力,这也正是他可能遭遇困境的原因。如果他过于敏感就会发现，他不仅处于一个对应不同的可能奶酪的"主亏夫分支"，而且每个分支也都含有众多更细的分支，这些细微分支对应着这位女士味蕾上所有的不同。比如，奶酪是第867批的第324号意大利干酪，尽管他知道这一点，他对于她的味觉的超级敏感性会使他处于一个不同的细微分支，不同于对应那位女士描述的细微分支。例如，她可能说奶酪的味道苦中带甜，还有些发黏，而且有一抹肯德基蓝草的馨香。因此，如果她形容说"有一抹晨曦中蓝草的馨香"，她的朋友对奶酪以及对她的体验便会有所不同。

这会导致一定的困惑，因为他未能感受到奶酪的不同，却感受到这位女士的不同。因此，为了能够达成完全的共识，他必须忽视她品尝时的心血来潮，必须对她的那些细微感受适当地迟钝一些。假设他确实如所要求的那样对她的细微感受不敏感而对奶酪却足够地敏感，那么，无论他们处于"主亏夫之奶酪分支"的哪一个层面，都会就他们所品尝的奶酪达成共识。换言之，他们同时存在于所有的层面，然而，除了他们所处的那个层面外，他们对其他的层面一无所知。她在1号层面上品尝了1号切达干酪，他在1号层面上品尝了1号切达干酪，而且他看到她品尝1号切达干酪。现在，重复这一句子，依次用2、3……取代1，直到无穷。然后，再重复这一过程，不过这次品尝的是意大利干酪，1号意大利干酪、2号、3号……依此类推。

敏感度不同是产生分歧的原因。有时，学习和睦相处的意思是不要过于沉溺于细节。而在某些其他时候，它则意味着关注细节，并享受生命的各个宇宙分支。你本就在享受这些宇宙分支，尽管你并未认知到这一点。所以呢，还是开始享受生命吧，反正不管怎样，你都要享受的。

基于这一观察，埃弗里特写出了他的博士论文。布赖斯·德维特和尼尔·格雷姆将埃弗里特的论文以及其他物理学家在一本叫做《量子力学的多世界诠释》的优秀合集中发表的评论综合在一起，而且德维特还融入他自己的观点——我认为他的阐述是最清楚明了的。埃弗里特最重要的论点之一是,寻常世界比特立独行的世界——这其中一切的一切都日趋疯狂——出现的概率更高,这是因为在任何一个层面上事件发生的相对频率几乎完全等同于有此单一事件发生的分支的数量。扔硬币实验中,扔50000个硬币,硬币落下后正面朝上的概率和仅扔一个硬币的概率一样大。

最后还有一个问题,我们能否从一个分支跳到另一个分支呢?就看你如何诠释了。因为你本就同时存在于所有的分支上,你根本不需要跳跃,你已经在那里了,还要往哪儿跳呢?不过,如果你并不喜欢平行宇宙这一概念,那么你想不跳都不行,因为每次你决定去做某事时,你都会引爆亏夫。因此,你无法做到那些貌似不可能的事——比如飞在或飘在空中——的唯一原因就是:你能做到这些事的世界可能是一个特立独行的世界,在那个世界中的你并不像这个世界中的你那样活着。

那么你能做些什么呢?任何你想做的事都可以。你本就在做,也一直在做。助你抵达这个"多分支宇宙"中任一分支的亏夫其实非常简单,你只需知道自己到底想做什么。任一分支都有通往其他分支的通道,你唯一需要的只是时间,而且你只需与时间合作。至此,一切都变得明了,时间是改变的必要媒介。意识是你对任一具体宇宙分支的觉知,你碰巧觉知到这一分支。如果你同时觉知所有的分支,你就是全知全觉的。你会看到全部的宇宙亏夫,因为你能够明确地看到所有的宇宙分支如何开始,又将如何结束。

当这一刻出现时,你就解脱了。在它出现之前,不要放弃,不断地使不可能之事成为可能;不断地选择你希望将哪个分支作为你人生的范例。不要忘记,你同时存在于所有的分支上,现在以哪个分支作为范例,完全是你的选择。所有的人都渴望拥有喜悦,既然我们都希望能够处于这一分支,那么一切的一切终将充满喜悦。

你可以将这些分支看做是参天大树的树枝,并将你现在的"自我感觉"看做是树的元气或生命力。滋育那些好的树枝。

第十四章 人类意志与人类意识

宇宙开始变得更像一个伟大的想法，而不是一台机器。

——詹姆斯·金斯爵士

超乎想象的怪异

多么丰富的想象力啊！你肯定这样夸过某个人，或者被别人这样夸过。通常来说，当我们认为一个人想象力丰富时，我们指的是这个人能够超乎常人想象地将某些事情或概念联系在一起。纸质牛奶瓶、空中滑翔、特技跳伞、带有迷你卡槽的计算机，真是举不胜举。这些都是谁想出来的呢？人们又是怎么做到这一点的呢？好吧，如果理查德·费曼教授是对的，那么想象力对于人类及大自然来说就像呼吸一样自然。费曼将它描述成一个奇迹。他写道：

> 例如，我独自站在海边，渐渐陷入沉思……阵阵海浪涌来……一座座分子山，都在愚蠢地忙着自己的事……数万亿的单独个体……却又和谐地形成浩瀚的汪洋……世世代代……在第一双眼睛将它们纳入眼帘之前便已如此……年年岁岁……一直像现在这样雷鸣般地拍击着海岸……这一切都是为了谁？又为了什么？……在一个充满死亡的行星上，无需去娱乐任何生命……永不停息……承受着能量的折磨……被太阳无情地浪费着……源源不断地涌入空间……一个微小的东西使大海咆

哞……在大海深处，所有的分子都重复着彼此的模式，直到出现新的复杂模式，它们使得其他的分子与自己一样……新的舞蹈开始了……尺寸大小与复杂程度都在增加……生命体，大量的原子，DNA，蛋白质……随着起舞，这些模式变得更加复杂精细……走出摇篮，踏上陆地……站在地上……具有意识的原子……充满好奇心的物质……站在海边……正在感到惊奇的奇迹……我……一个原子组成的宇宙……宇宙中的一个原子。

具有意识的原子，充满好奇心的物质？这是物理学家的特殊表达方式吗？我不这样认为，这根本就是对不可否认的事实的认知。这一独特的认知允许心智想象它——心智自身——作为心智（我称其为意识）而存在。没有想象力的意识是一个矛盾，缺乏好奇心的心智则是愚笨无知的。

然而，到底什么是"心智"呢？或许我能给出的最佳定义就是"心智是所有可能隐喻的隐喻"。例如，我们借由"心智之眼"看自己。心智充满了隐喻，它本身就是一个隐喻。心智借由注视自己以确知自己是存在的。读到这里，或许有一点对你来说已经很明了，我们对于任何事情发表的任何评论都是隐喻，是用一个经验来替换另一个。每个定义都毫不例外地是"换言之"，换言之，"换言之"是一种替代。书面或口头描述这一过程就像是在镜子面前举起一面镜子，看一看镜子到底是什么样子。

心智观看心智也是一个类似的过程。因为具有意识的原子正在观察具有意识的原子，当我们观看宇宙时，也会经历到同样的惊奇与神秘。我们正在观看的是我们自己，我们将这个过程称为宇宙。费曼教授继续写道：

> 那么，这一心智到底是什么？这些具有意识的原子到底是什么？上周的土豆！这就是我现在对于"一年前我的心智在想些什么"的模糊记忆，你看，心智早就被替换了！

人们对于大脑原子经过多长时间便被其他原子替换的发现也说明了同样的道理，值得一提的是，我所谓的"我的个性"只不过是一个模式或舞蹈而已。原子进入我的大脑，起舞，然后离开，时时都有新原子到来，不过跳的却是同样的舞蹈，时时牢记昨日之舞是什么样子的。

如果宇宙真的只不过是"心智的自我观察",那么自我又是什么?

人类意识的量子力学

我是谁?我敢肯定,这个问题从你脑海中闪过的次数和我不相上下。我只是一台机器吗?我的心智是幻相?是从我的机械大脑中升起的简单结构?我真像约翰·里利所说的那样是一台"人类流体生物计算机"吗?不管怎样,我的内心深处感到我远不止于此。至少,我觉得我一定远不只是一台机器。如果我真的不仅仅是一台机械设备,又是什么将我与开罐器或洗衣机区分开来呢?

答案是:我的意识,我的心智将我与机器区别开来。不过,这一答案却并不容易理解,意识是什么?心智又是什么?这一章中,我希望能够借由讨论意识"做什么"——而非"是什么"——来定义意识。作为一名物理学家,很久前我就学到我们永远也无法真正说明任何一样东西是什么,而只能描述它都做些什么。当我说电子是携带负电与磁矩的粒子时,我只是在描述它的行为而已。

与此类似,意识就是意识的所作所为。那么,意识都做些什么呢?它在宇宙中扮演着双重角色。在量子力学的世界中,它即是觉知,亦是经验的产物;它是经验的存在与致知。20世纪量子橡皮轻轻划过,擦去了本体论(关于存在的理论)与认识论(关于致知的理论)之间的分界线。

简言之,致知隶属心智的范畴,而存在则属于物质的范畴,二者的分离是一个神奇的过程,我们称其为意识。澳大利亚昆士兰大学机械系的巴斯教授研究了二者之间的关联,并发现它们一直处于连续不断的相互作用中。若干世纪以来,心智与物质——或者说致知与存在——之间的互动一直使哲学家们困惑不已,并被称为"心身问题"。巴斯发表于《物理学基础》的论文《量子力学心身互动》为这一古老的难题提供了一个解决方法，量子物理则是这一方法的理论基础。

这一问题牵涉到"意志"。仅仅完成某项工作是不够的，一台老旧的机器也能够做到这一点，"知道自己正在做这项工作"才是关键。换言之，当我选择去做某件事时，该如何完成此事而且我又如何知道自己正在做这件事呢？令人惊讶的是，正是量子不确定性导致了我们日常经验中的确定性选择。如果这一不确定性在某种程度上消失不再，我们的意愿便无法实现。我将无从选择，没有任何选择。

所有这些选择都发生于我的内在，因为我神经细胞中的某些特殊通道全然开启。神经细胞是组成中枢神经系统的形状细长、适应性强的可兴奋电化学细胞。巴斯认为，我们在进化过程中创造了一个位于中枢神经系统的"设备"。我想将这一设备比做一个部门，比如美国中央情报局。就像中央情报局一样，该设备搜集各种讯息。

这一设备在每个神经细胞中都有一个独立行动的特工，或许在每个分子甚至是每个原子中都有。每个特工都可以自由地选择他或她想做什么，在何地运作，又在何时行动。不过，其选择在某种程度上却是有限的：要么留意，要么无视实相。而且在这些实相层面上，观察实相就意味着创造实相。因我的中枢神经系统中某一特工留意一瞥，某一纯亏夫爆裂，一个梦想成真。

巴斯的模型将意愿与亏夫实相直接联系在一起。这一实相发生在每个神经细胞中，细胞内酶分子上的活性原子集团与细胞膜（酶作用底物）相遇时，神经细胞便处于一种非确定的状态。这时，对这一细胞的亏夫描述则是：无法确定它是否已发出了一定数量的电脉冲。这种不确定的实相可能会持续若干个周期（几毫秒）。

然后，一件不寻常的事发生了，这件事是无法预测的，它是对"酶分子上活性原子集团之空间位置排列"的觉察。我将这一突然且不可预测的事件称为"意识活动"，这一事件发生之时，神经细胞不再处于不确定状态。忽然间，它发出了数量明确的电脉冲。而且，我也觉知到这一点。

本章的后续部分，我们将讨论某一"极短的时间段"，所谓的短，是相对于我们通常的时间观念而言。这一时间段历时五毫秒，是神经细胞发出电脉冲的时间间隔。我们将会看到，在这一期间，人类的神经系统可是忙得不亦乐乎。

心智与身体之间的量子互动：巴斯模型

我们如何将某一想法付诸于现实呢？例如，当我们决定弯腰拾起一支铅笔时，这一过程是如何运作的？为什么有时我们做一件事必须要全神贯注，而有时，经过不断的练习后，却能够想都不用想就轻易地完成同一件事？最初需要指导、有意识的活动演变成习惯，成为一种无意识的活动。我们的学习能力取决于习惯的养成，比如聆听的习惯。学习，是一种将最初的意识活动转换为无意识习惯的能力，好坏皆然。

巴斯认为，我们之所以拥有这一能力，应该归功于前面所描述的神奇设备，因为它不断引爆我们神经系统中的亏夫。巴斯将这一设备安置在我们的中枢神经系统之内。早期的人类并不拥有这一设备，在自然选择过程中，可能需要上千万甚至数亿年才能够进化出有意识的肌肉运动。这一设备具有选择的能力，亏夫是否刚刚爆裂是其决定因素。巴斯说："只有漫长的进化过程才可能导致这一设备的产生，就目前的科技水平而言，制造这样的设备是绝对不可能的。"换言之，这一设备可能会创造不同的结果，其中起决定性作用的是亏夫的行为，而不是物质。

让我们再仔细看一看中枢神经系统。它由神经细胞组成，这些细胞是可兴奋细胞，能够发生转换，这一转换涉及它们借由细长的细胞体来传导电脉冲的能力。这些脉冲透过极其微弱的化学反应引起与神经细胞相连的肌纤维的收缩。如果这一设备存在于我们身体之内的话，那么它肯定就在神经细胞中，我们受控于神经细胞。然而，一个神经细胞是否发出电脉冲——亦即经历一次电转换过程——又是由什么决定的呢？

巴斯指出，正是觉察行为，亦即发生在观察者——他处于适当的观察位置上——意识层面上的事件，使得神经细胞发出电脉冲。我将此类事件称作亏夫爆裂，亏夫爆裂引起波函数的变化。就在觉察到这一事件的那一刻，在它成为一个意识事件的那一刻，世界发生了改变。这是因为观察者可选择的可能性也发生了变化。因此，我看到地上有一支铅笔，并俯身将其拾起。

这整个过程并非一个简单的机械过程。此处，我可以选择。然而，这一选择却是非常微妙的，要么觉察到这一事件，要么就一无所知；我可以将这一事件纳入我的意识范围之内，也可以无视它，将其拒在门外。就地上的铅笔而言，这一选择是显而易见的。不过，此处我们所面对的却是发生在神经细胞层面上的事件，我们所讨论的正是对这些事件的觉察。这种情形与一个观察者观察镜中的自己有着异曲同工之妙，就在观察者觉察到他正在观察自己的那一刻，新的意识油然而生。从那一刻起，他不再观察镜中的自己，而是在观察处于观察自己这一过程中的那个他。一旦他停止观察正在观察自己的那个自己时，他又开始重新观察镜中的自己。

这一概念确实有些难以捉摸，因为它具有自我指涉的特点。为了能够觉察，你必须觉察到自己正在觉察，就好像是一面镜子问对面的镜子："我们谁更公正，你还是我？"不过我们讨论的到底是什么事件呢？是神经细胞发出电脉冲这一事件吗？不是的，我们所讨论的是更深层面的事件：我们需要看一看神经细胞中一个更小的亚细胞组分。这个更小的子系统由一个复杂分子组成，是神经细胞中酶分子上活性原子集团的一部分，位置非常靠近细胞壁。

人体细胞中有几种不同的活性酶运作。例如，进入神经细胞中的蛋白水解酶可以改变该细胞产生电脉冲的能力。酶能够打开蛋白质闸门，门后则是通往其他神经细胞的通道。根据酶之构型的不同，闸门或启或

第十四章 人类意志与人类意识

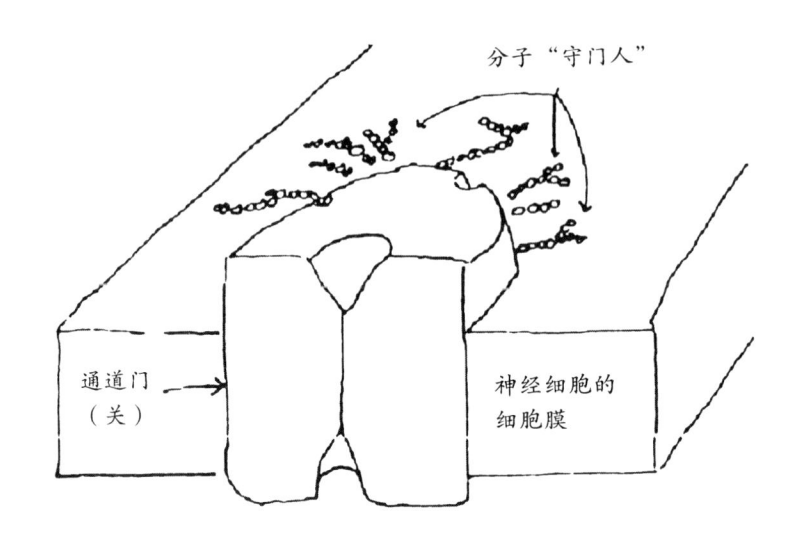

图14-1 带尾巴的分子围在蛋白质闸门前

闭,神经细胞要么发出电脉冲,要么毫无反应。

我们可以将酶看做是守门人。然而,它是如何运作的呢?酶有尾巴,它附着在细胞壁(细胞膜)上距离通道很近的地方,只要神经细胞发出电脉冲,它的若干尾巴之一便会轻触通道门。

我们感兴趣的这一微小的子系统处于这些尾巴的末梢。巴斯以氨基为例进行了阐述,氨基处于构成尾巴的侧链的末端。这一微小分子的一个组成部分,亦即由两个氢原子和一个氮原子形成的三角构型,决定了诸如醛缩酶等一些起着重要作用的酶的活性。下面,我们格外关注一下这一小小的三角构型,因为我们所寻找的设备正是在它的原子层面上运作。

情形大概是这样的:

神经细胞发出电脉冲,蛋白质闸门的构型发生变化,通往其中一个通道的闸门开启,尾巴进入闸门。两个氢原子在尾巴末梢形成一条基线,氮原子则处于基线之上或之下。如果氮原子处于基线之上,尾巴就像钥匙之于锁那样嵌入闸门,闸门因此保持开启状态,这样,尾巴脱离闸门后神经细胞还能再次发出电脉冲。

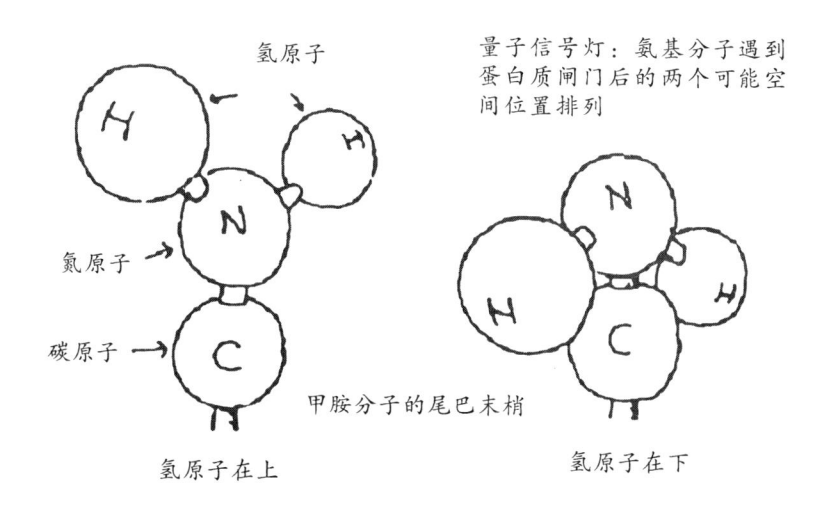

图14-2 酶分子"意识"？

从另一方面来讲，如果氮原子处于基线之下，尾巴也同样进入闸门，不过它就像乖孩子一样，进门后将门关得严严的。尾巴"钥匙"与闸门"锁"之间只有这两种配合情况。到目前为止，一切还不错。"向上"的三角构型使闸门大开，"向下"的三角构型将闸门紧紧关闭。那么，下面又会有什么事情发生呢？这就看你是否在观察了。你知道的，我们现在正在量子王国，您的旨意将承行于地。

不可能的任务：人类意志练习

第十一章中我们讨论了薛定谔的猫。或许你会奇怪，这只猫怎么可能同时存在于两个相互矛盾的实相中？当然，真正的猫不会展现如此怪异的特性。不过，如果我们沉入实相的分子层面，就会发现各种诸如薛定谔的猫的例子，它们就是组成我们神经系统的分子与原子。

就容器中的猫而言，是放射性原子与猫之间的相互作用引起了活猫与死猫同时存在于容器中的双重实相。如果原子有放射，那么猫就是死的。从另一方面讲，如果原子没有放射，那么猫还活着。此处，我们可以将原子类比为氨基分子三角构型的实际行为，该分子看起来就像一个等腰三角形，因为尺寸很小，这个三角形的分子加入量子实相，以维持其稳定性。

分子是奇妙的小东西。它由原子组成，这些原子借由电子力作用连结在一起。然而，原子之间的作用力似乎并不足以维持分子的稳定。如果原子之间引力或斥力过大，分子便会发生震颤，有时还会分裂，量子"神胶"拯救并维持了原子的分子大家族。然而，其代价却极其昂贵：每个家族成员都必须放弃它们的个体性，它们必须生活在一个亏夫世界中，同时占据两个或两个以上的位置。只要组成分子的任一原子只占据一个位置，分子就会立刻开始震颤及摇晃，散射出额外的能量以维持其稳定。这一小三角构型也不例外。

换言之，氢原子作为分子的组成部分时并不是独立存在的。我们所拥有的只是其残留部分——它们的亏夫"幽灵"，以时刻提醒我们它们的潜在性，只有在我们觉察到它们时，它们才会真正地存在。就在这一刻，分子发生震颤。薛定谔的猫这一例子中，容器中的放射性原子是氢原子在分子三角构型中双重位置的类比，在这一微小的三角构型碰触蛋白质闸门的那一刻，我们才会知道氢原子到底处于哪个单一位置。在薛定谔的猫这一例子中，猫相当于蛋白质闸门。

三角构型与蛋白质闸门之间发生相互作用后，同时存在着两个闸门状态：开启与关闭，这相当于猫与放射性原子发生作用后所处的状态：活与死。闸门亏夫同时具有两个不同的状态，如果闸门是开启的，神经细胞继续发出电脉冲，它旁边的神经细胞对这一信号做出响应。如果该神经细胞收到两个或两个以上的尖峰信号，它就知道闸门依然处于开启的状态，然后它会传递一个高频信号，并因此改变这个微小细胞所在的神经网络。

另一方面，如果闸门处于关闭状态，旁边的神经细胞只会将低频信号传递给它所属的中枢神经系统。它会采取哪种行为呢？这取决于你，或者更确定地说取决于你的特工。你的特工必须留意信号的频率，聆听它的韵律。因为三角构型在与蛋白质闸门相遇的那一刻同时具有两个位置（就像那放射性原子一样，或许它有放射，也或许没有任何动静），闸门同时具有"开启"与"关闭"两种可能性（就像那猫同时具有"死"与"活"两种可能性一样），因此，神经细胞也同时具有两种可能性：正在向邻近神经细胞发出电脉冲或者并没有发出任何电脉冲。依据逻辑推断的话，我们可以说，你的特工可能同时察觉到高频与低频两种信号。然而，你的特工却没有觉察到任何事情（正如猫的观察者打开容器之前的状态）。为什么呢？因为这些信号只是潜在地存在于你的神经系统中，它们尚处于亏夫的世界。

你的特工必须做出如下的选择，那就是觉察到已在他觉察范围内的高频或低频信号。他唯一需要做的便是做出选择，做出"觉察到这一信号"的选择。一旦他做出此选择，这一信号就进入了你的特工的日程。假设他看到了高频信号，在分子层面上，闸门是打开的，三角构型的尾

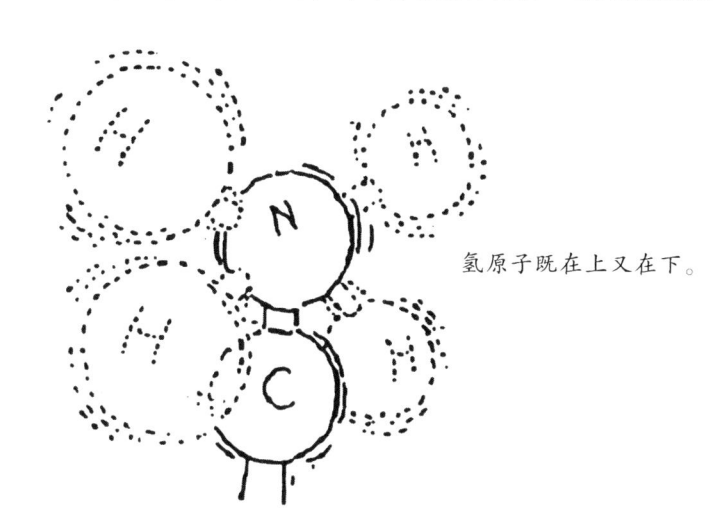

氢原子既在上又在下。

图14-3 分子所在的稳定却不确定的量子世界：氢原子并非以原子的状态存在，而是以亏夫幽灵的状态存在。

巴朝上。当然，如果他观察到的是低频信号，那么，我们就可以逻辑推理出三角构型的尾巴朝下。

　　无论在上述何种情况下，你的特工都可观察到某一现象，他也做出了选择。而神经细胞本身则开始了另一种转换：就在观察的那一瞬间，它将一组微波脉冲信号传递给邻近的肌纤维，肌纤维因此开始进行机械性收缩。特工对于何时监测信号拥有完全自由的选择权，没有任何外在因素强迫他必须在某一特定时间去监测，他也拥有不去进行监测的自由。

　　如果他根本不留意与你之神经系统共享实相的那个潜在实相，又会怎样呢？假设他完全忽略来自你的亏夫世界的幽灵又如何？那么，不会有任何事情发生。神经细胞将懒懒地放松休憩，不会惊动任何肌纤维。那小小的三角构型依然保持其不确定的形态，依然保持其稳定的状态。

　　观察三角构型的空间位置排列便会晃动它的尾巴，它因此开始在神经细胞内舞动，发出微波脉冲信号，继而使神经细胞向肌肉发送信号。这便是这一理论模型的基本特性：它将量子力学的不确定性作为故意行为的基础。正是知识的匮乏才使得这一特工拥有自由意志，他借由选择来获取知识。

　　特工将自己的频率调准想象力的世界。假设他"听到"一声高频的嗡嗡声，就是说，神经细胞第二次发出信号，不过，等一等，它真的发出两道信号吗？一旦我们将这假定的第二道信号与觉察到高频信号之间的时间纳入考虑之中，这一问题便会油然浮出水面。这一时间段非常短暂，只有五毫秒。如此短暂的时间，真不值得去留意任何事情，然而，我们的神经系统却恰恰就在如此短暂的时间里运作。要想体验这一时间段有多短，其实很简单。一个物体每秒钟来回移动两百次，每一个来回的时间就是五毫秒。

　　事实是，这一短暂的时间段将两类不同事件分隔开来，第二个事件

细胞膜

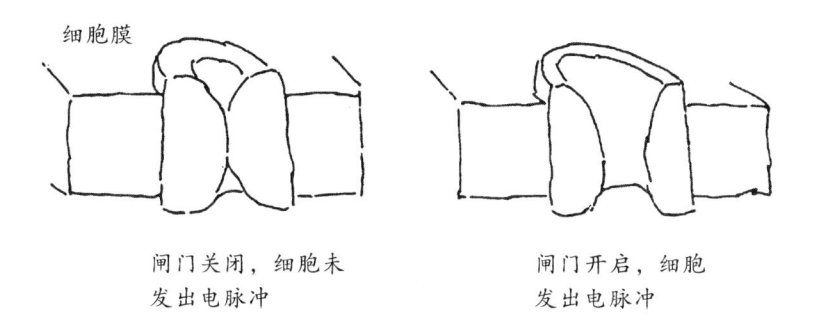

闸门关闭，细胞未　　　闸门开启，细胞
发出电脉冲　　　　　　发出电脉冲

细胞膜或神经细胞壁内蛋白质闸门两种状态的剖视图

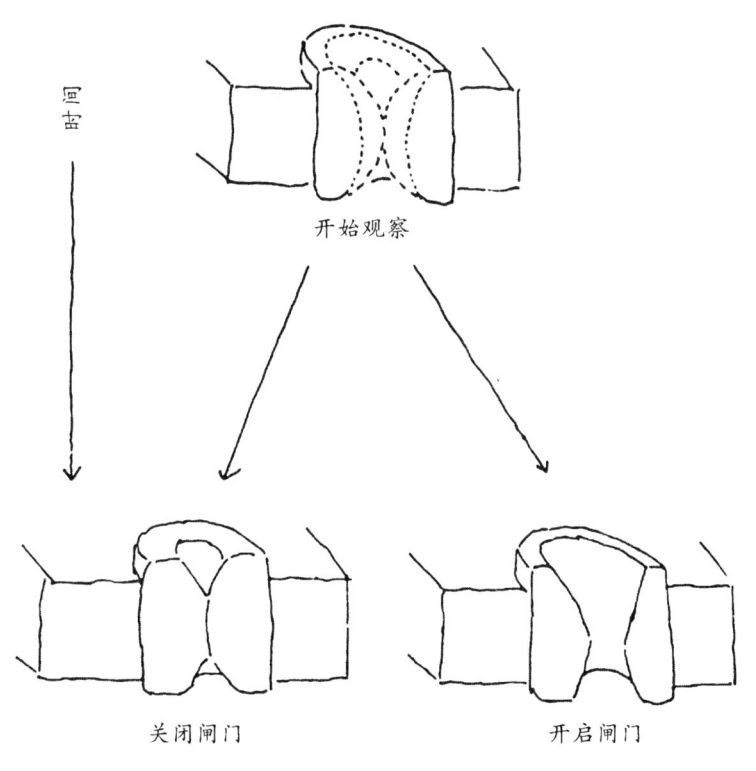

时间

开始观察

关闭闸门　　　　　　开启闸门

遇到氨基分子后，闸门的状态处于不确定状态，开启或关闭。

图14-4　蛋白质闸门开启或关闭

219

可以说是毋庸置疑的，中枢神经系统的特工完全可以觉察到高频信号。不过第一个事件呢？尾巴进入闸门后，到底发生了什么？它是否使闸门保持开启状态，从而有高频信号产生，并被特工觉察到？抑或，它将闸门关闭，因此有低频信号产生？回答非常具有悖论性，二者皆非且二者皆是，闸门既同时开启又关闭，亦既未开启又未关闭。就像薛定谔的猫的观察者，闸门存在于第二实相中。

或许你现在心存异议，为什么神经细胞的闸门必须要以如此自相矛盾的方式运作呢？为什么上述两个事件之间必须要存在一定的时间间隔？为什么它们不能同时发生？确实，为什么这两个事件不能合二为一？答案如下：如果它们之间没有时间间隔的话，自由意志便会消失不再，我们也就变成了一台真真正正的机器。没有这一微小却异常珍贵的时间间隔，我们就都成了"刺激—反应"设备，和温控电加热器没有什么太大的区别。

最初的刺激导致尾巴与闸门之间发生相互作用，因此，两个可能事件就这样凭空地发生了。也可以说，出现了一种动态张力，"心电感应能力"是我能想出的对这一"感知"最贴切的描述，你的特工对于即将发生的事情非常警觉，他于当下这一刻便拥有选择的机会。而这一选择在尾巴触碰闸门，刺激被"感知"到之前是不存在的。这个小小的三角构型虽然在尾巴碰触闸门的那一刻发生了变化，但它依然相当稳定。尽管它现在处于激发态，其原子要素的位置却依然是不确定的，也因此，分子没有摇动与它连在一起的尾巴。那警觉的特工依然拥有选择的机会：觉察到尾巴碰触闸门后氢原子的位置还是对此视而不见。如果没有这一短暂的缓冲时间，这一瞬时事件在神经细胞层面上的思考时间，我们就会成为极度神经质的人，我们会响应神经细胞发出的每一个信号，抽搐不已。量子力学对于我们习以为常的生活是必不可少的，不确定性是自由之母，因为不确定性原子，我们才拥有自由意志。

现在，假设特工观察到低频的嗡嗡声，酶的尾巴末梢朝下，就是说，在它进入后有将闸门关闭，此时，特工观察到氢分子的位置，尾巴开始晃动。无论其尾巴末梢朝上还是朝下，只要被观察到，酶分子就会得到尾巴的警示。接下来，神经细胞得到酶的警示，并向肌纤维发出信号，肌纤维因此收缩。能够做的选择是：觉察或忽略，无论做何选择，您的旨意都已承行于地。

不过，我们还忘了讨论一点。是什么设备最先引爆了亏夫呢？那设备到底在什么地方？答案似乎是：它不存在于任何地方。当我们说"我"这一神奇的词时，我们所指的可能就是这一设备。此设备就是我们对自身之存在的觉知，"我"之所以存在，是因为我选择要存在。

原子与"我"：原子是否有意识？

巴斯模型为我们提供了答案。意识是选择，然而，这一选择并不存在于我们已然选择的既有形和相——我们所谓的物质——之中，它来自于亏夫王国，我们想象力的国度。在我们选择之前（就是说，在我们觉知到任何事情之前），宇宙具有悖论性，且尚未成为"外在世界"。存在的只是一个叫做"心智"的东西，心智存在于量子实相的世界。

巴斯模型有一个激动人心的特点，那就是，它将单一的量子事件（确定某一微小分子的位置）与宏观事件（激发整个神经细胞）联系在一起。不过，巴斯提醒我们说：

> 尽管我们对单一量子事件激发神经细胞这一范例已经有了相当确凿明了的解释，但是，这并不足以说明我们可以随意以众多量子可能事件中的任何一个来激发宏观事件（比如光子与众多色素分子中的某一个产生相互作用）。显然，此处进入观察者意识的印象必须与能够用波函数（亏夫）来描述的单一、独特的量子系统有关。

人类具有这一独特的能力吗？一个人能将宏观事件与可用亏夫描述的单一量子系统（例如甲胺分子）联系在一起吗？为了能够具有这一能

力，整个神经细胞与其离子通道之间的紧密连结是不可或缺的，这一连结体现为一种"更强的感受性"或"更高的觉知"。巴斯说：

> 人们对详细描述"某一独特离子通道与神经细胞兴奋之间必不可少之偶然联系"的模型进行了推测。值得注意的是，对于电极激发的兴奋而言，人们需要大概100个正常离子通道以了解这种偶然联系是如何在某些特殊神经细胞内进化的；而在神经细胞的某一已知特殊部位（所谓的轴丘），离子通道数目少于100似乎也没有问题；在轴丘处，胞膜兴奋度较高，因此借由神经细胞本身的正常功能便可以发出电脉冲。在某些特定的神经细胞中，将其细胞膜的这一局部特性扩展到本模型所要求的程度，这似乎在自然选择的范围之内。

巴斯的设备改变了亏夫，它引爆波函数。不过，它到底在什么地方呢？它不存在于任何位置，它就是这个活生生的神经细胞本身，是在神经细胞内运作的酶，是在"神经细胞中的酶的尾巴末梢"上运作的分子，是在"神经细胞膜上的酶的尾巴末梢上的分子"之内运作的原子，是那个因觉察自己而创造了自己的有意识的原子。意识是潜在实相成为真实实相的过程，是亏夫的爆裂，是波函数的塌缩。

在原子层面上，意识尚是比较初级的意识，不过这却是必需的。神经细胞可能拥有几十亿原子"意识"，我们可以将这样的每一个"意识"都看做是一个单独的心智。它们精诚合作，是组成你的情报部门，你的中央情报局的特工。在分子层面上，每个特工都有其单一的任务：觉察自己；就好像在同一个纯亏夫之内，一个潜在实相觉察另一个潜在实相。在这突如其来的神秘事件中，其中一个潜在实相忽然就这么"出现"了，这一意识活动在原子与分子层面上创造了实相。此时，神经细胞得到发信号给肌纤维的提示，因此，它向肌纤维发出信号。

或许，神经细胞内有几十亿个心智在运作。有的心智觉察到高频的嗡嗡声，有的则选择了低频。这些心智——无数的心智——以近乎独立的方式共同运作，它们常常并未觉察到彼此的存在，它们代表你运作，有时甚至会做出有害于你的决定。事实上，借由选择你将什么看做是实相，它们作为你的代理人运作。这些心智一起为你做出决定，它们就是你的中央情报局。当某一外在事件激发了你的神经细胞闸门与酶之间的量子互动，这些简单的心智以随机的方式团结起来，有的看到氢原子在上，有的则看到氢原子在下。它们便是你平时的心智，你在清醒（也或许睡眠）状态下的正常心智。

它们随机地形成一种"无意识之网"，无意识的海洋。如此这般，你那些个体心智对正在发生的一切了如指掌，而你的集体意识却对自己为什么忽然俯身给猫咪挠挠痒都一无所知。你的活动已成为无意识的习惯性行为，就像骑自行车一样。当你第一次学骑车时，你必须全神贯注，留心自己的那些心智，你得听它们高声尖叫，为它们那些可怜又微不足道的发现——它们看到在上或在下的氢原子——尖叫，它们叫得再响亮也是枉然，因为那个名曰"你"的完整整体照样失去平衡，跌倒，重重地倒在地上。

不过，你又勇敢地站了起来。"你"接管了这一切，又开始骑车。想象你又骑在自行车上，还记得帮你扶车的父母或哥哥姐姐忽然松开了手，你独自一人前行的感觉吗？那时你处于纯态，你的亏夫尚未爆裂。你根本还不会骑车！然后你开始失去平衡，向下倒去。你开始变得警觉，你的神经细胞将警示性的氨基分子射向闸门，以获知到底发生了什么事情。氨基分子碰了一下闸门，便迅速跳回，它们处于兴奋却稳定的状态。闸门的数目忽然翻了一倍，它们本就处于亏夫王国。氨基分子碰触闸门后，你的亏夫依然处于纯态，尚未爆裂，而你，则在缓缓倒下。

每个特工都看着自己，检视可能的损害。而且，每个特工都看到了两种可能，于是它们做出选择。亏夫爆裂了，闸门要么开启，要么关闭，不存在中间状态。每个心智都知道一些情况，它们将自己所知的情况综合在一起，它们就是"你"。于是，你知晓，你行动，你决定做些什么；你停

第十四章 人类意志与人类意识

观察到这个世界的杂乱讯息后,一个独一心智成为许多原子心智,它们观察彼此,然后又成为一个独一心智。

毫无知觉的独一心智

毫无知觉的原子心智:亏夫尚未爆裂,尚未观察到任何事情。

业已知觉的原子心智:亏夫爆裂,观察到一些事情。

图14-5 关于我们如何做决定的虚拟图(1)

原子心智相互作用并相互关联。

业已知觉的原子心智再次成为一个独一心智。

独一心智

我们也可以按照从"已经知觉的独一心智"到"毫不知觉的独一心智"的逆序来看此图，或许这描述了我们遗忘的过程。

图14-5 关于我们如何做决定的虚拟图（2）

下来，或者将身子倾向另一侧，也或许将自行车的踏板踩得更快。

这一完整的意识是你对所有意识的觉知。它就像是一个总监督，观察所有的观察者。从它的角度来看，所有其他的意识活动共同形成一种已爆亏夫的混合状态。而且，从生理学的角度来看，这一各种状态的混合体就是那几十亿个分子，其中每一个分子都处于两种可能状态中的一个，氢原子在上或在下。学骑自行车时，你的集体意识有觉察到你那些最初的意识活动，它在观察所有的层面，直到原子层面。这样，你便将摔倒与原子层面上的感受联系在一起，你仅有"一个心智"。不过，当所有的亏夫都爆裂后，你则变成了"多心智"的。这可是一个很大的不同，个体"心智"受到训练，它们开始觉察，每个独立运作的原子心智共同形成了一个随机的无意识海洋。

我为人人，人人为我：我的心智在哪里？

著名的神经外科医生及大脑活动研究者怀尔德·彭菲尔德进行了无数详尽的案例研究，他发现心智并不居于人类身体的某一处。如他在著作《心智之谜》中所说："假定意识或心智处于某一特定位置的话，就无法理解神经生理学。"不过，如果心智不处于身体的某个地方，它又在哪里？

心智似乎无处不在。它在原子、分子、神经细胞、细胞、组织、肌肉、骨骼、器官的层面上进行观察，换句话说，它在物质存在的所有层面上观察。从你的氨基分子到你脚上的袜子，它将一切尽收眼底。它是独一心智，能够像几个原子心智共同运作那样运作。

独一心智与个体原子心智之间存在着有意但却微妙的区别。原子心智引爆亏夫，它们在量子力学的层面上运作，在充满各种亏夫可能性的怪异世界中进行选择。而且，在它们做出选择之前，那些选择都是不确定的。原子心智的每一个行为都意味着一个亏夫的爆裂，原子心智运作时，闸门打开。

通常来说，独一心智并不与原子实相打交道。事实上，它仅与原子心智打交道，应对原子心智借由选择而创造出的事物，就像一个数据存储器。在"自相矛盾的立方体"那个例子中，原子心智"看到"立方体前面有一个侧面，独一心智则将所有正在运作的原子心智所搜集的画面综合在一起。

借由将所有原子心智的体验概括在一起，独一心智做出选择。它统一了心智，并将崭新体验转化成旧有经历，继而变成习惯。在神经细胞发出电脉冲的例子中，无论个体原子心智"看到"氨基分子处于何种位置都并不重要，只要它们觉察到该三角构型的任一位置——无论是朝上还是朝下，神经细胞便会发出电脉冲。因此，尽管原子心智既无法预测又不能决定它会"看到"什么，而整个人的行为却被决定下来。巴斯提醒我们说："一个最初有意识的行为借由不断地重复就会渐渐变成习惯性的无意识行为，然而，这一意识程度逐渐减弱的过程对肌肉运动却没有任何影响，它依然如故。"

独一心智所拥有的独特自由是，它同时既是所有的原子心智，又是它们中的任意一个。独一心智与身体内其他任一意识之间并没有明确的分界线。心智之所以拥有这一自由，是因为它并不存于空间中的任一位置。它在精神层面上运作，就像那曾有过关联的两个互相矛盾的立方体的观察者一样。每个心智都看到一个立方体的某一侧面，它们都无法预测会看到哪个侧面，尽管如此，它们看到的却是同一个侧面，就好像是它们看到了同一个立方体，或者它们隶属于同一个心智。

如果这个想法是正确的，那么，意识就能够感知到原子层面上的事物。这一可能性真是神奇得令人难以想象，它意味着，崭新、新奇的事件甚至能够在原子层面上获得接纳，原子层面可是各种潜在实相成为现实的层面。

朱利安·杰恩斯在他的书《双相心智崩溃过程中意识的起源》中推

断，对愿力的觉察，亦即知晓"命运掌握在自己手中"的能力，是影响人类进化过程的新因素。杰恩斯接着指出，如今的精神分裂症患者其实是一个"大倒退"，退回到人类拥有"充满意志力的心智"之前的时期。那么，是什么导致了双相心智的崩溃呢？是同时与许多心智沟通的"独一心智"？是因为人类获得了巴斯设备？人类神经细胞终于进化出与离子通道之间的紧密连结，这是否正是三千年前双相心智发生崩溃的原因？

我是这样想的。人类在原子层面上变得有意识后，忽然弄清楚了自己是谁。或者这样说更合适，他们学会了该如何在量子实相中生活。

关于量子意识的最早记载应该是摩西。他问荆棘火焰中的天使："你是谁？"回答是："我即我所是"。然后摩西认识到，在他之内，上帝代表他说话。从那一刻起，人类开始掌控自己的命运。每当我脑中浮现出"独一心智"刺穿各个原子心智的画面时，便会想起我的卡巴拉（犹太神秘哲学）老师卡洛·苏亚雷斯的话。有人问他一个人是否必须寻找他的灵魂，他回答说："不用，不要担心，它会找到你的。"我的高我在寻找我，我的"独一心智"则在寻找我那些疏疏落落、四散各处的心智。

有证据证明这一"多心智"理论吗？对"裂脑"的研究表明，我们确实拥有多个心智，而且每个心智都会以互补的方式与其他心智互相影响，互相作用。威廉·詹姆斯在他的著作《心理学原理》中指出：

> 一些人的"整体可能意识"或许有分裂成各个片段体，这些片段体同时共存，它们共享认知对象，却互相忽视。更加不同凡响的是，它们是互补的。

如果这些分裂的心智在原子层面上运作，或许詹姆斯所谓的互补性正是尼尔斯·玻尔讨论原子现象时所论述的互补性。顺着这一思路思考的话，所有的隐喻都不再是隐喻，它们只不过是在不同知觉层面上对实相的同时描述。比如，你兴奋的感受正是因为你的原子处于兴奋的状态。因为我们显然是这个世界的一部分，原子现象的互补性也同样存在于我们之内。所有这些互补的意识合在一起构成了我们眼中的平常世界，这个经典的因果实相。

然而，量子世界呢？这些构成"独一心智"的原子心智，它们之间是否会互相沟通？能否使它们以某种方式联合起来呢？如果真能如此的话，其结果真是奇妙又神奇。

想象你的"独一心智"是你中枢神经系统的总负责人，你的原子心智则是一个个独立的特工。别忘了，无论我们"看到"分子朝上（↑）还是朝下（↓）都无所谓，只要我们"看到"了它，神经细胞就会开始行动，肌纤维收缩。假设一个原子特工独立行动，独自监视下面的模式：

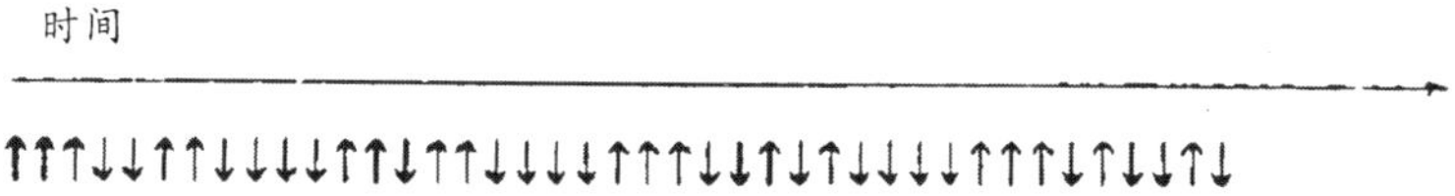

时间
↑↑↑↓↑↑↓↓↓↑↑↑↓↓↓↓↑↑↑↓↓↓↓↓↑↑↓↑↓↓↓↑↑↑↓↑↓↓↑

图14-6　独一心智看到的模式

氢原子在上或在下的分子如上图所示那样随机地混合起来，尽管这足以引起必要的肌肉收缩，对"总负责人"或者说"独一心智"的影响却微乎其微，它依然可以自由地去探索其他事物、想法或神经实相。因此，那些刻意的选择渐渐地从意识范畴中淡出，不过，已受过良好训练的肌肉则开始收缩。这几乎是一个机械的过程，这一串随机的箭头——它们与中枢神经系统那或高频或低频的嗡嗡声相对应——共同造成了"量子惨败"，亦即，一连串经典、客观的经验。

整体效果是，有时我的氢原子在上，有时则在下，换句话说，没有任何不同寻常的事情发生。不过，这只是一个特工在独自行动。假设有几个原子心智同时在运作与观察，比如三个有代表性的心智，每个心智都在观察某一特定的信号链。

我们将它们分别命名为心智1，2与3。它们分别在不同的地点进行观察，所观察到的模式可能如下：

```
时间
     →
空  ↑↑↑↓↑↓↑↓↓↓↑↓↑↑↓↓↓↑↓↑↑↑↓↓↑↓↑↓↑↑↑↓↑↑↓↓↓↑  （心智1）
间  ↓↓↓↑↓↑↑↓↓↑↑↑↑↓↓↓↑↑↑↑↓↓↓↑↓↓↑↑↑↓↓↑↑↑↓↑↓↓  （心智2）
    ↓↑↑↑↓↑↓↓↑↓↑↑↓↓↓↑↑↑↑↓↑↑↓↑↑↓↓↑↓↑↑↑↓↓↑↓↑↑  （心智3）
```

图14-7　不同心智观察到的模式（1）

这一系列的序列似乎会摧毁所有量子经验，而且这些信号分布于时间与空间中。不过呢，总负责人并未因此而激动。

不过现在"意志"登场了。原子心智必须注意到彼此。而且不仅仅是双相心智发生崩溃，原子分离性也在崩溃，这些原子心智不再彼此分离，开始沟通。其效果对于塞满各种声音的心智而言真是既不可思议，又似乎颇具宇宙性，亦即有些超出这一物质范畴。

或许摩西看到燃烧的荆棘。每个单独心智的模式都有着部分的关联，它们重复彼此的模式。比如，其模式可能如下图所展示的那样：

```
时间
     →
空  ↑↑↓↑↑↓↓↑↓↑↑↑↓↓↓↑↑↓↑↑↓↓↓↑↑↑↑↓↓↑↓↑↑↓↓↑↓  （心智1）
间  ↑↑↑↓↓↑↑↓↓↑↓↑↑↑↓↓↓↑↑↓↑↑↓↓↓↑↑↑↑↓↓↑↓↑↑↓↓  （心智2）
    ↑↑↑↓↓↑↑↓↓↑↓↑↑↑↓↓↓↑↑↓↑↑↓↓↓↑↑↑↑↓↓↑↓↑↑↓↓  （心智3）
```

图14-8　不同心智观察到的模式（2）

每个心智都感知到同样的箭头组合模式，每个心智都"听到"同一个"鼓手"。这种空间上的关联引起了"头儿"的注意，一个崭新的觉知浮出水面，忽然间，"我思，故我在。"

如今，我们已经熟知同时存在于若干心智之间的空间关联，只不过，这些心智存在于不同的身体之中。我想，摇滚音乐会就是一个不错的例子，群体冥想也有同样的效果，不过"团队精神"也如此。或许，当我们谈论人们之间很有共鸣时，指的就是这个，他们之间的意识模式相一致，空间关联使得我们"万众一心"。

不过，我们是如何做到这一点的呢？个体心智如何与其他心智发生模式上的共振呢？答案是：借由亏夫，这一将我们所有人连成一个整体的心灵感应管道。那么，这一时间以及空间上的关联又意味着什么呢？举例而言，假设我们有三个原子心智在观察下面这个图案：

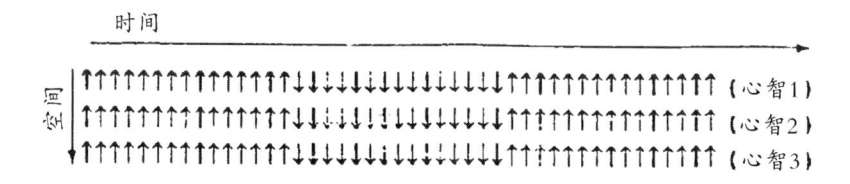

图14-9　不同心智观察到的模式（3）

此类组合肯定不会被总负责人忽视。它极其重要，不容忽视，就好像是用原子放大镜"看"一样。我们当然会感受到新的觉知出现。这一新的觉知是宇宙意识吗？

这是否就是以前发生在一些人身上的事呢？比如佛陀、耶稣等人？这也是目前正发生在我们许多人身上的事吗？我想是的。我们正在走向一个意识觉知的新纪元，量子意识的纪元，有意识的原子的纪元。借由向内看，我们或许能够解决在终极前沿等待我们去面对的问题，亦即人类精神的前沿。

上帝的意志与人类的意志

迄今为止，一些远古的问题依然在困扰着我们。这些问题涉及人类的行为、想法和意志。量子力学是否能够为"我只是一台机器吗？我的自由意志如何起作用呢？上帝的意志是什么？真有上帝吗？"等等诸如此类的问题提供一丝洞见呢？

我敢肯定，许多诸如此类关于心智与物质的问题从未有过真正令人满意的答案。这些问题涉及人类掌控与决定命运的力量。我们人类的力量到底有多大？量子力学似乎指明了人类力量的极限，这些极限与我们的知识以及我们获得知识的能力有关。亏夫或者说量子波函数是难以觉察的，尽管如此，我们却觉得量子力学足以决定事件的各种可能性。亏夫以完美的秩序流动，然后，忽然有某一观察者看到了它，这一秩序井然的流动于一瞬间变成无秩序的爆裂，某一可能性成为现实。我们人类似乎能够在某种程度上掌控自己的人生，然而，我们却仿佛是无能为力的受害者，蒙受另一意志、另一秩序之害。

这一章中，我主要提供了一些关于"量子力学、上帝与人类思想及意志之间的关系"的推测性想法、模型与概念。我认为，量子力学在人类发展与人类心理方面扮演着举足轻重的角色。我觉得，隐藏在亏夫之后的潜在秩序、宇宙的量子力学正是上帝意志的彰显。然而，对我们来说，这一秩序仿佛是随机且毫无意义的。在前面的章节我们看到，自相矛盾的立方体看起来似乎也是以随机的方式展示自己，没有任何特定的秩序。有时，立方体的顶面忽然出现在我们眼前，有时映入我们眼帘的则是立方体的底面。如果两个立方体曾经有过关联，那么后来观察这两个立方体的两个观察者发现，他们所观察到的现象是一模一样的。然而，对于两位观察者来说，他们其实只是看到了某一毫无意义的随机模式。

这个例子能够帮助我们对宇宙整体窥豹一斑。观察者的意志无法控制立方体，然而两位观察者却观察到同一秩序，不过他们无法借由这一秩序来沟通或掌控什么。每个观察者都可以自由地选择自己到底想要什么，不过，他们却都在他人的观察秩序中看到了自己的秩序。或许这就是人类之间互相沟通的独特形式，从我们不再试图掌控彼此这个意义来说，我们是一体的；从我们想实现自己的个人愿望这个意义来说，我们则是众多分离的个体。

立方体是电子与原子等量子粒子的类比。不过，我们能否将这一类比继续扩展下去呢？量子力学能否帮助我们理解自己的力量极限？如果可以的话，或许这个世界会变成一个更安全、更愉悦的居所；或许，如果人们看到根本无法打破不确定性原理，便会停止战争。当然，如果人们能够借由量子力学认识到根本无法掌控他人，这个世界对于我们所有人来说，将是一个完全不同的世界。

或许量子力学比其他任何宗教都更清楚地指明了这个世界的整体性，它也同时指出了超越物质世界的事物。平行宇宙，费曼之作用量最小的路径，既流动又爆裂的亏夫，抑或创造实相的意识，无论你选择哪一个诠释都没有关系，所有这些诠释都从非物质的视角来指明物质世界的神秘性。

我们可以说，上帝的意志行使于亏夫——量子波函数——的世界中。这一世界是一个因果世界，具有极高的数学精度，不过那里不存在任何物质。对于智力有限的人类来说，这是一个自相矛盾且充满迷惑的世界。因为在这一世界中，一个东西既在某一时刻占据某一位置，又同时占据着无数个位置。尽管如此，这一互相矛盾的世界却有着明确的秩序，这些不同的位置具有一定的模式，一种对称美。

可是，生活在物质世界中的我们只有通过试着观察这一模式才能够破坏这一悖论性的完美。我们为了这个物质世界付出了昂贵的代价，代价之一就是我们健全的心智，我们无法全面地观察，似乎总有缺漏。对上帝秩序的干扰呈现在我们面前就是不确定性原理，因此，我们变得无助，内心倍感匮乏，渴望我们并无力创造的宇宙秩序，而我们唯一能做的则是遵从它。

另一方面，我们拥有自由意志。尽管我们无力创造完美的秩序，这一无力无助却允许我们去创造。你可以说，不确定性原理是一把双刃剑。它将我们从过去的禁锢中解放出来——因为没有任何事物是事先确定好的；它赋予我们选择的自由，选择如何在宇宙中运作。不过，我们无法预测我们的选择所导致的后果，我们能够选择，不过却无法知道这一选择是否是成功的选择。

除了不确定的世界，还有一个选择：确定的世界。在这样的世界中，

第十四章 人类意志与人类意识

粒子将沿着预定的路径运动，而且路径上每一点的位置都是确定的。不过，大家都知道，这样的世界是行不通的。在这样一个确定的世界中，每个原子中的电子都必须在每时每刻不停地辐射能量。那么，它很快就会失去全部的能量，落入原子核中。这样的话，所有的原子都会消失，所有的电磁能将会消失，所有的神经系统将停止运作，所有的生命都会止息。我们所熟知的生命，只能在不确定性的保佑下存在，而安全性则是一个神话。

图14-10 引爆亏夫

尽管如此，安全性确实存在。我们能够感受到它的存在，它是我们对宇宙秩序之完美——我们都能感受到这一完美——的渴望，是我们对重归宇宙子宫的渴望。不过，唉，我们无法做到这一点，我们只能留在肉身中，我们必须接纳自身境况的不确定性，没有这一不确定性，就没有这个世界。

或许，如果我们参透了现代物理——尤其是量子力学——如何帮助我们觉知人类自由意志的界限，我们就会学会彼此之间的相处之道。更美好的是，我们可能会努力使这一传承给我们的宇宙成为某一更高意志的一部分。希望如此！

第十五章　量子物理学的新想法

维格纳的朋友：尤金，我觉得薛定谔对猫的想法不是很实际。

维格纳：　　为什么？

维格纳的朋友：你知不知道这里的味道有多难闻？

维格纳：　　先检查一下放射源已在容器里放好，然后再把猫放进去。

维格纳的朋友：放射源上好像贴着个标签，上面写着"原子工业论坛的免费样品"。原子工业论坛的东西并不是很可靠。

维格纳：　　没关系，把猫抱过来。

维格纳的朋友：尤金，我觉得你严重低估了宏观量子态之叠加的精微性。

维格纳：　　为什么？

维格纳的朋友：将我和猫带入叠加状态可不是那么容易的。哎哟！

维格纳：　　怎么了？

维格纳的朋友：参加这一哲学实验前，我应该先打一针破伤风针才对。

——怀特曼

这本书的第一版出版以来，量子力学获得了一系列激动人心的新发展。这新增的一章中，我想探索并解释一下我心目中最具挑战性的两个设想。这两个想法看起来更像是源自于科幻而不是顽固的物理学。尽管如此，因为量子力学本就颇为怪异——我肯定你们现在都认识到了这一点，你们中的一些人或许会问，还能为"新物理"增添什么新内容呢？

第一个设想是对量子物理诠释的新发挥，叫做"埃弗里特平行世界诠释"。根据某些物理学家的看法，我们很快就能够侦测到平行世界。除了我们这个宇宙外，还有许多其他宇宙与我们共存，尽管这一理论听起来像是幻想，某一新发展却使得这一科学幻想有成为科学事实的可能。这一新发展来自于技术世界：计算机。新型计算机——它将量子力学定律直接运用在计算机使用者的指尖下——的出现使得侦测到平行世界成为可能。

就像我们所知道的那样，随着计算机技术的发展，计算机芯片越来越小，计算机的尺寸也越来越小。这些芯片体积缩小的速度非常快，分子芯片的出现指日可待。因为此类芯片运作于极其微小的时空规模上，主宰其运作的将是量子物理定律。

我并不是说当前的计算机芯片不遵从这些定律，它们遵从了！不过，量子物理定律对于现在这些宏观计算机芯片的控制程度远低于计算机使用者对它们的控制。对于使用者来说，计算机芯片是一个简单的开/关设备（传统的物理机器）以及记忆存贮装置。毫无疑问，量子物理定律同样适用于此，不过使用计算机的人却对此一无所知。我的意思是，对于未来的计算机而言，量子定律及其所有的悖论性特性都将直接被运用于使用者的指尖之下。换言之，量子计算机的使用者能够使用量子物理的语言及法则，而不是目前那简单的布尔逻辑或开/关数字运算。

第二个设想是一个量子力学新诠释，叫做交易诠释，它认为未来能够与当下沟通。这一理论假定量子概率波能够从未来逆着时间回到当下，许多物理学家对此持反对意见。根据这一诠释，只有在代表某一物理系统的量子波同时既顺着时间从当下到未来、又逆着时间从未来到当下行进时，该物理系统才可能呈现在观察者眼前。如果量子波能够拥有这一仿佛只有科幻才拥有的特权，那么，许多悖论性的结论都可以因此迎刃而解。

尽管这一新诠释的提出者并不相信它能够导致任何新的实验结果，不过却有惊喜从天而降。对于这一观点的实验验证并非来自于貌似冰冷、疏远的现代技术，而是来自于相当亲近、温暖与模糊的人类生理学。

近期实验结果表明，实验对象在大脑能够告知他某一身体感受之前的半秒钟便已觉知到这一感受，进行此实验的神经生理学家们由此创立了他们称为"延迟与提前"的假说。

这一假说讨论的是大脑活动——这一活动使我们意识到某一身体感受——在时间上的延迟，以及实验对象对此身体感受的"提前"感知。实验结果显示，脑神经细胞在身体感受出现整整半秒钟后才做出反应。然而，实验对象却声称他在接受刺激后的几毫秒之内便已觉知到这一感受。简言之，既然实验对象的大脑尚未记录下这一"觉知"，实验对象又怎么可能觉知——意识到——这一身体感受呢？

关于这一问题的答案导致了一个令人惊奇的新发现，人类神经系统中，未来与当下其实一直在互相沟通。如果这一发现能够获得进一步的实验验证，来自生物学领域的实证被用来支持物理学理论，这将是前所未有的。

上述两个新发展都是在《量子心世界》第一版问世后才出现的。因此，我曾经以教程的方式解释过它们。毫无疑问，这些想法都非常怪异。然而，一位读过首版《量子心世界》的读者曾对我说："我第一次读你的书时，根本看不懂。不过，一年后，我再次重读时，发现其实里面所有的内容都是比较容易理解的。"或许，当你阅读这一章时，也会觉得里面的内容颇为稀奇古怪，不过，重读可能会帮助你获得一些新的洞见。我认为，这些想法是在首版《量子心世界》问世后量子理论中最重要的概念性发展。

想法一：给另一个埃弗里特平行世界照张相

本章起始处那臆造的对话是在维格纳教授及其假想的朋友间进行

的，它描述的是维格纳教授与其朋友之间滑稽的对峙，亦即著名的维格纳朋友悖论。它描述了量子力学的一个著名问题，亦即"测量问题"。这一问题是，当观察者测量一个量子系统的特性时都会发生什么事情？假如宇宙中的每一个客体——人、猫、各种机器、大脑与心智、飞机、山等等——都遵守量子物理的法则，那么我们到底还能观察什么呢？

或许你意识到了，这确实是一个问题，因为量子力学定律允许——其实是要求——任何物理系统都处于各种可能状态的叠加态。比如，原子中的电子可能同时存在于几个——对的，其实是无数个——位置上，每个位置都被称为该电子的位置态。为了确保原子具有独特且稳定的能量态，电子必须处于各个可能态的叠加状态中。这一叠加状态看上去就像云一样，也因此被称为"电子云"。没有电子云的话，原子处于不稳定状态并将自发地瓦解。

瓦解出现于一个人观察电子的那一刻。电子云忽然塌缩，电子出现在时空中某一点的某一具体位置，而且电子不再继续受限于原子。另一方面，如果观测目标并非原子中电子的位置，而是原子的能量，那么电子云继续存在，原子也继续保持其稳定的能量状态。

各种可能观察行为之间的权衡与折中被称为"互补原理"，自从量子力学问世的那一天，这便是物理学家需要解决的问题。这一问题是：既然量子力学要求电子以电子云的形式存在，那么它在原子中占据空间时，它到底处于什么位置？因为物理学家认为任何亚原子物体，比如电子，都是点状粒子，它无法占据原子内部的整个空间，不过整个空间确实为它所有，这是怎么回事？如果它是一个点，那么这个点处于什么位置呢？此外，"观察电子"这一如此无辜的行为又怎么会使它突然变成一个点？

正如我以前讨论过的，答案是：它像点状粒子那样，存在于多得让人发晕的平行宇宙中。所有这些电子——它们存在于每一个与这个世界平行的宇宙中——的叠加态即是这个宇宙中某一电子云所呈现出的样子。这一量子物理诠释最先由物理学家休·埃弗里特提出，并被称为多世界诠释。

维格纳的朋友以及薛定谔的猫这两个例子也属于这一诠释的涵盖范畴。或许你还记得薛定谔的猫这一悖论，猫被放在一个容器中，容器中还有一台或许有、也或许没有释放有毒气体的设备，经过一段时间，猫一定处于两个可能状态的叠加态，死猫或活猫。在维格纳朋友悖论中，这位正在观察某一物理系统——比如猫——的朋友也处于两种不同心智状态的叠加态。其中一个状态中，这位朋友看到且相信猫是活的，在另一状态，他则看到也相信猫已经死了。这时，维格纳教授翩然而至，借由观察处于其中某一状态的朋友及猫，教授结束了这一矛盾对立的局面。

1986年我在纽约参加一次学术会议，物理学家大卫·阿尔伯特就上述本已令人迷惑的悖论提出了新的看法，他认为这个老故事的结局是：猫与维格纳的朋友处于两种互不相容的状态以及他们对这种状态的信念的叠加态。阿尔伯特为老剧本增添了新结局。

首先，他假定一切万物都遵从量子物理的定律，如果这些定律规定，一个包括一位朋友及其信念之心智状态的系统以叠加的状态存在，那么就如此好了。如果这位朋友同时处于两个平行宇宙中，而且他对自己的心智状态一无所知，这也不算什么问题。在每个世界或宇宙中，这位朋友（与猫）都处于一种独特的身心状态。

假设，处于世界1的这位朋友看到猫还活着，而且他相信自己所看到的是一只活猫，而在世界2，这位朋友看到猫已死去并相信他看到的是只死猫；而且，他使用了一种测试工具（比如听诊器或者其他的生命监测系统）来测试并记录测试结果。

故事进入尾声（老悖论的故事尾声），这位朋友、猫以及测量仪器一直自始至终地相互关联。然而，有两个可能世界供他们栖居，死猫世界与活猫世界。在每个世界中，都有一个前后一致的故事在展开；在每个世界中，信念与实相都相符相合。

这个故事的奇怪之处在于，这两个世界的叠加态也同样存在。两只猫、两个维格纳的朋友以及两个听诊器的叠加态，作为你所能想象的最怪异的混合体，它本身也是一个独特的状态，能够被故事中稍后出现的教授观察到。对于教授而言，这一状态相当正常，而且也是可以测量的。我无法想象这一例子所描述的状态到底意味着什么，不过我们可以假定，确实存在着一些高科技测量设备，比如一种新开发出的摄影机，它能够监测"猫—朋友—听诊器"联合体的活动，这位教授就有这么一台，他用这台摄影机拍摄并获取了一张"猫—朋友—听诊器"联合体的照片。

现在，教授只生活在一个单一的世界，一个借由摄影机呈现给教授的世界。尽管摄影机测出"猫—朋友—听诊器"的叠加态，摄影机与教授本身却并不处于叠加态中。事实上，根据量子定律，可能会有一个学生忽然走进来，拍下了正在用摄影机观察"猫—朋友—听诊器"的教授，对于这位学生而言，由教授、摄影机以及"猫—朋友—听诊器"组成的系统也处于某一状态。我们可以这样不断地重复下去，没完没了地重复下去。

那么，因为这张照片含有"猫—朋友—听诊器"之状态（死猫与活猫）的叠加态，我们可以说处于单一世界的教授拥有一张这位朋友与猫所占据的两个世界——世界1与世界2——的叠加态的照片。这张照片只不过是一种"双重揭示"，展示了这位朋友将听诊器戴在耳朵上聆听他的猫的情形。

这位朋友脸上有两种叠加的表情：喜悦与嫌恶。如果你仔细看这照片的话，你会看到这只猫的眼睛同时既睁开又紧闭，也是双重的展示。

从平行世界的角度来看，迄今为止这都不算是什么新鲜事。毕竟，"猫—朋友—听诊器"是一个物理系统，因此，它与其他物理系统一样，遵从同样的法则，其中也包括量子力学的态叠加原理。从这个意义上说，"猫—朋友—听诊器"与我前面提到的原子没有什么区别，不过，阿尔伯特为平行世界理论增添了一抹新的色彩。

假设教授将照片拿给他的朋友看。换句话说，他的朋友获得了使用摄影机的权利。还记得吗，这张照片是"教授朋友同时处于两个世界"的双重展示，即使他以为自己处于一个单一的世界，要么活猫要么死猫的世界。那么，现在教授朋友能够看到身处两个平行世界的自己，这一颇为离奇的状态是全新的，不过，我们称为量子力学的"游戏"完全允许它的存在。比如，存在于世界1的教授朋友在照片中看到自己与他在世界2的"另一个自己"在一起；同样，身处世界2的教授朋友也知晓他在世界1的另一个自己。

虽然这听起来很是奇怪，它却完全符合埃弗里特的量子力学诠释。一个人拥有他在另一个世界的档案，这是一个非常奇怪的新想法，到目前为止，物理学家们一直在试图弄明白这可能意味着什么。

然而，有一位物理学家发现其实可以在实验中实现这一新想法。牛津大学的大卫·多伊奇利用这一新想法设计了一台量子计算机，它解决问题的计算步骤远少于传统计算机。其设计原理是，将问题分解成若干部分，然后让量子计算机同时运算这一问题的每个组成部分，同时在互相分离、平行的世界中进行运算。

在任一时刻，这台量子计算机的实际状态由运行于同一存储区域的若干独立运算叠加而成。通常情况下，我们需要两个不同的存储单元来进行运算，而平行世界的计算机却并非如此。完成运算后，量子计算机看向其中一个平行世界，获取它本身的"照片"。不过，在获取这一照片的过程中，它可能也会获得它并不想要的结果。

运用量子计算机来预测股票市场

多伊奇为他的计算机想出了一个非常实际的应用：预测股票市场。假设，我们为传统计算机设计了一个分成两个组成部分的投资程序，以根据今天的股票行情来预测明天的股票市场；假设我们可以根据程序的运行结果来推算投资策略，而且运行每个组成部分都需要整整一天的时间。亦即，这一程序由两部分组成，两个组成部分都需要计算，而且运算每个组成部分都需要一整天的时间，这样才能推算出投资策略，因此我们需要整整两天的时间才能做出预测。这使得传统计算机变成了无用的废物，因为它完成计算时，投资时间早就过了，今天得出的预测结果对于昨天的股票市场根本没有任何价值。

量子计算机的运行方式与此不同。它在同一天内，在处于不同平行世界的同一存储单元同时进行两个组成部分的运算。因此，我们能够在第二天股市开市之前就得到预测结果。然而，这还是有折中的。尽管两个组成部分的运算都在同一天内完成，它们却处于不同的平行世界，我们唯一能做的就是进入其中一个平行世界，就像前面提到的阿尔伯特的例子一样。然而，因为答案处于叠加态，很有可能计算结果是不正确的。

因此，有可能你无法总能进入计算机提供正确投资策略的那个平行世界。让我们将这个问题简化一下，假设，所推算出的投资策略正确时，存储位显示的是0；否则，存储位则显示1。假设你进入的那个世界，其中有一半的时间计算机所提供的投资策略是正确的，另一半的时间则以失败而告终。量子计算机每天都会提供一个运算结果，不过我们却无法肯定计算机在具体某一天所提供的投资策略是否正确，我们无法肯定那一天存储位所显示的数字是0而不是1。

因此，我们不得不折中。量子计算机能够为预测第二天的股市行情及时提供运算结果，不过这一结果只有50%的准确率。传统计算机的运算结果百分之百准确，不过却只能在股市结束后的第二天提供运算结果。就是说，传统计算机所提供的结果虽然永远准确，却总是姗姗来迟，因此毫无用处。

平均而言，量子计算机每两天中能有一天为预测股市行情提供正确的投资策略（当存储位显示为0时），这一天我们能够投资成功。量子力学未能提供正确运算结果（存储位显示为1时）的一天，我们则不投资。因此，对于一个务实的投资者来说，如果他只是在量子计算机提供正确投资策略时才进行股票投资，那么他一定会因此而占据相当的优势。

多伊奇认为量子计算机成为现实是指日可待之事，他相信，磁通量子将是量子计算机的基本单元，而不是现今的开/关布尔逻辑运算。多伊奇教授也认为，埃弗里特平行宇宙绝不仅仅是一个诠释性的选择，而是一个可测的实相。他指出（如我在《星波：心智，意识与量子物理》一书中所言），在我们能够实施量子干扰效应——正如平行宇宙理论所预测的那样——之前，是无法设计制造出真正的人工智能计算机的。

多伊奇在一篇论文中提到下述有趣的观察实验：

> 为了能够解释量子计算机是如何运行的，我在必要之处运用了埃弗里特的本体论。当然，我们总能将这些解释"转译成"传统的诠释，不过，这样做肯定会失去一定的阐释力。举例而言，假设我们为量子计算机编制了预测股票市场的程序，如前述的例子那样，每天它都为我们提供不同的数据，埃弗里特诠释很好地解释了量子计算机的运作过程：从它分配下去的子任务到它在其他平行宇宙的"复制品"。当量子计算机用一天的时间成功地完成了两个处理器日（每个处理器日为24小时）才能完成的运算，传统的诠释方法又该如何来解释它所得出的正确运算结果呢？这一运算是在何处进行的呢？

想法二：未来影响现在

确实，这一运算到底是在何处进行的呢？不要忘了，在平行世界计算机中，计算机、它的内存以及运算程序同时在两个不同的世界运行。我们还可以提出一个问题：这一运算是在何时进行的？因为，多伊奇的计算机似乎完成了一件不可能的事，它仅用了一天的时间就获得了通常需要两天时间才能算出的正确投资策略。难道量子计算机能够进入未来从而获知答案？多伊奇并未提出这个问题，不过华盛顿大学的物理学家约翰·克拉默使我们看到这一可能性。

克拉默在他的两篇论文中提出了另外一个量子物理诠释。他认为，对量子力学的普通诠释，亦即哥本哈根诠释，有一个严重的缺陷，因为它未能解释观察行为缘何导致量子波的塌缩。人们认为，在观测一个量子物理系统之前，该系统处于一种量子态，描述这一量子态的数学表达式称为"量子波函数"，我称其为亏夫。一旦开始观测，亏夫便从"所有可能性之波"塌缩成一个单一的不可否认的事实。不仅这是真的，而且为了计算塌缩发生的概率，亦即与塌缩有关的事件发生的概率，我们必须将其与被称为"复共轭"的波函数相乘。换句话说，这一波函数必须与其复共轭（数学家称其为共轭复数）相乘获得乘积，这样才能决定一个事件发生的实际概率。

在科学上，将两个数学量相乘获得一个新的数学量是再寻常不过的了。以物理学的一个分支——经典力学——为例，施加在物体上的作用力等于该物体的质量乘以它在该力作用下产生的加速度，这是牛顿第二定律。

然而，以前的任何量子力学诠释，包括哥本哈根诠释，都没有解释当一个量子波函数与其复共轭相乘时会产生怎样的物理结果，复共轭波函数从未得到应有的重视，未被赋予任何物理内涵。

克拉默注意到，如果我们理所当然地认为量子波确实是真正的物质波，亦即它存在且传播于时空中，而且我们愿意借助科幻小说中的想法来解释它的共轭波，那么共轭波就不再神秘。共轭波也同样是真正的物质波，不过呢，时间上存在着扭曲。

因为量子波从一个地方运动到另一个地方，那么这一运动也是需要时间的。比如，想象波从某一处开始，在空间中向前传播，就像石头落入寂静的池塘那样，想象这波就像不断扩散的圆圈，随着时间的推移，圆圈越来越大。

在这个例子中，我们可以将这道波的共轭波想象成从池塘边缘起始的波。它和最初的波非常像，不过有一点除外，很重要的一点：共轭波逆时传播。就在初始波抵达池塘边缘的一刹那，共轭波以池塘边缘为起点开始传播，就像电影中倒放初始波扩展的镜头一样，水波圆圈越来越小，朝着波纹中心——片刻前石头落入池塘的地方——塌缩。

共轭波虽然逆着时间传播，它所经由的空间却和初始波相同，只不过传播方向相反。因此，它会与初始波发生相互作用。每当两个波以此种方式相互作用，它们的波函数就会相乘，成为某一乘积。以通常的时间观念来看，共轭波的运作方式对于电子工程师而言并不陌生：它调制初始波。

确实，如果不对收音机或电视机中的波进行调制的话，你不会听到或看到任何晚间新闻。广播电台或电视台制作的初始波，或者说载波（电子工程师如此称呼它），在强度与/或频率上都不同于适合于接收器的波，因此需要调制。与此类似，共轭波调制初始波，从数学角度来看，这只不过是将两个波函数相乘而已。

因此，克拉默借由他命名为交易诠释的理论，解释了为什么人们要通过将初始波函数与其复共轭相乘的方式来计算概率。对于任何事物而言，为了使它进入物质实相，这两个量子波就必须同时存在，其中一个调制另一个。这也解释了波函数的塌缩，当未来产生的共轭波逆着时间行进到初始量子波的源点时，便会产生塌缩。

克拉默将初始波称为"出价波"，其共轭波为"确认波"。因此，交易由"出价"与"确认"组成，就像计算机与其外围设备——比如打印机或者电话线另一端的另一台计算机——之间的交易一样。先出价，然后接收方向出价方发出对其出价的回应，告知出价方自己已经收到出价讯息，并接受与确认这一出价。这一交易循环往复地进行，直到能量以及其他物理量的净交换满足某些特定要求为止,这些要求可能是守恒定律或者其他施加在量子波上的限制,比如边界条件。当我们将所有这一切都纳入考虑之后,交易成功。

举例说明:惠勒的选择

现在让我们来举例说明这一诠释可能是如何运作的,让我们来思考一下物理学家约翰·惠勒首先提出的悖论。惠勒请我们进行一个简单的思想实验,它由光源和一个有两道狭缝的屏幕构成,与双缝实验相似。唯一不同的是,安装在双缝后面的感光屏并非固定不动的,它可以绕着固定轴转动,向上旋转至最高位置时可以捕获光子,向下转至最低位置则允许光子保持其原有运动轨迹。

感光屏与双缝之间的距离相当长,这样,实验者在光子通过双缝后能够有足够的时间来决定是向上转起感光屏以捕获光子还是不转动屏幕任光子飞过。

如果感光屏保持其最低位置,光子则保持其原有运行轨道并最终进入两个望远镜中的一个。这两个望远镜分别安装在双缝后面与双缝平齐的位置,就是说,如果一个光子击中1号望远镜,那么该光子一定有穿过第一道狭缝;2号望远镜亦如此。

确实,光子穿过狭缝后的旅行时间可以很长很长,狭缝甚至可以处于月球,而感光屏与望远镜等设备都在地球上。这样的话,光子从穿过狭缝开始直到它抵达地球上的设备,所用时间大约是1.75秒(译者注:据查应该是1.3秒左右)。读者可以随自己的喜好自由想象狭缝与感光屏及望远镜之间的距离是多么的遥远。

在最后一刻才决定是否转动感光屏的实验者处于一种左右为难的状态。假设他向上转动屏幕,那么,根据量子力学,单个的光子必须同时穿过两道狭缝才能在屏幕上留下干涉图案。换言之,感光屏相当于一个决定光子之波动性的设备。

另一方面，如果实验者决定不转动感光屏，光子就会抵达其中的一个望远镜，我们因此知道，它刚刚穿过了狭缝1或者狭缝2。因此，当感光屏处于最低位置时，望远镜测量了光子的粒子性。感光屏在上：光子像波一样同时穿过两道狭缝；感光屏在下：光子像粒子一样穿过其中一道狭缝。

从双缝悖论的角度而言，迄今为止这都不算什么崭新观点，它依然是一个谜。新颖之处在于，光子通过狭缝之后感光屏才开始转动！换句话说，实验者一直迟迟不做选择，一直拖到最后一刻，而他的选择却决定了光子已经走过的路程！从某种意义上讲，"果"先于"因"，"因"（实验者当下的选择）决定了"果"（光子已经走过的路径）。

运用传统的物理诠释，我们绝不可能真正理解这到底是怎么一回事，然而，运用交易诠释似乎能够解释这一悖论。光子的"量子出价波"离开光源，穿过两道狭缝，向着感光屏行进。如果感光屏已经转到最高位置，光子被吸收，感光材料逆着时间送回一个共轭确认波，这一共轭波也同样穿越两道狭缝，被光源接收。出价波与确认波都经过两道狭缝，交易完成。如果感光屏处于最低的位置，出价波同样穿过两道狭缝，朝向望远镜前行，然而，只有一个望远镜经由与其相应的狭缝送回确认波。因为"一道波只代表一个单一光子"的边界条件，只有一道波被返回。如果两个望远镜都送回共轭波，那就说明有两个光子存在。

回归未来：觉知前的觉知

如果我们认真对待克拉默的诠释，那么对量子事件的"时间"就会有全新的看法。对于每一个观察行为而言，它既是起点，一道波开始向未来传播，以寻找一个"接收事件"；也是接收者，接收来自某一过去观察事件、向着观察者传播的波。换句话说，每个观察行为都发出两个波，一个朝向未来，一个朝向过去。如果发生在通常或者说连续时间内的两个事件之间的交易并未改变某些必要的物理常数，而且也满足一些必要边界条件的话，就可以说它们彼此之间存在着相当的关联。

克拉默强调说这一交易理论只是一种诠释，他并不期望有什么新的实验证据出现来支持它，使它胜过其他的诠释。从教授量子物理课程的角度来讲，他将交易诠释看做是一种理解并开发直觉的方式，也有助于解释所有那些如果认为时间仅仅是从过去走向未来便很难解释的悖论。

然而，我前面提到的一些新的神经生理学证据，比如旧金山加利福尼亚大学医学院的本亚明·利贝特和他的同事所进行的工作，以及我曾提出的一个假设却或许能够证明克拉默的理论是不正确的。证据表明，脑信号的产生存在着一定的延时，并因此导致有意识的觉知落后于神经末梢区域的感受。换言之，如果你不小心踩上一块石头，整整半秒钟后，与其相应的大脑活动才会展现出来。这并不意外，然而，这一延迟却伴有一种主观上的提前，你会感到或者说相信你远在大脑记录下这一感官刺激——石头——之前，便已觉知到它。

利贝特等人在加利福尼亚大学医学院进行的实验中，受试者的大脑显示，受到外界刺激整整五百毫秒（半秒钟）之后，才达到神经活动充裕量（神经细胞发出足够的信号以表明大脑已经觉知到外界的刺激）。然而，受试者声称，他在几毫秒（一秒钟的千分之几）内便已觉知到所受到的外界刺激。因此，实验对象比他的大脑更先觉知到这一刺激。利贝特及其同事运用他们称为"延迟与提前"的假说解释他们的实验结果，他们认为，对感受的主观觉知与真正达到神经活动充裕量是两个不同的事件，不过，他们并没有为这一矛盾之处提供任何解释。

在近期的一篇论文中，我对利贝特等人的"延迟与提前"假说/悖论提出了一个量子物理的解决办法。我以量子力学的交易诠释为基础提出了一个初步理论，为发展关于"主观性提前"的量子物理理论奠定了一定的基础。未来事件（达到神经活跃充裕量）与当下事件（对受试者肢体的刺激）构成了一笔交易，一个量子概率波（出价波）从当下事件（刺激）中流出，它旅行至未来（大脑中的神经活动充裕量），大脑因此受到刺激，然后逆着时间向当下事件送出确认波。

我提出的理论是，如此相互关联的两个事件可能会被体验为同一个事件。任何一对以"出价与确认"的方式从量子力学角度上相互关联的事件（它们在时间与空间上是分离独立的事件）都会构成单一的体验——意识层面上的事件。只要两个事件（某一物理活动以及对此活动的观察行为）是如此相互关联，它们就会被体验成同一个活动。我认为，这意味着，泛泛来说，任何分别发生于不同时间或空间上的两个量子物理事件都会构成某一单一体验。从某种意义上讲，我们必需两个事件——外在世界的某一活动以及内在世界对此活动的觉察——才能观察到一个事件，二者任缺其一，另一个都不可能发生。假如这是真的，只有在两个或两个以上的事件具有如此的量子关联，才会出现意识。如果没有与神经细胞产生关联，单一独立的感官事件就不会成为意识事件。

除了上述"时间上的主观转介"外，这一想法也同样能够为"空间上的主观转介"带来一些洞见。主观时间转介是受试者根据自己的主观信念而认为某一体验所发生的时间；主观空间转介则指的是受试者相信某一体验所发生的地点。神经末梢区域的感受出现之后，神经活动充裕量被逆着时间投射回神经末梢区域，然而大脑皮层受刺激而发出信号的时刻，却并不是感到这一事件发生的时刻。利贝特认为，视觉体验也以同样的方式被投射回外在世界，而不是转介到视网膜。因此，我们的脚趾感觉到石头（主观时间转介），我们看到星星挂在外面的夜空（主观空间转介）。

如果我的假设是正确的，这一量子诠释似乎能够为"主观提前"这一悖论提供一个更好的解释，而且，它使我们向量子物理"心脑理论"迈出了不可或缺的第一步。只有未来才能告诉我们，这一假设是否正确。

第十五章 量子物理学的新想法

这一切到底意味着什么？

这些想法，平行世界的照片以及未来与当下的交易诠释，都是量子物理中最新、最具独创性的想法。它们都试图揭开量子物理之谜，也或许二者都不正确。无论答案为何，它都不会将我们带回传统的决定论——量子理论的祖先。每个想法都为我们开启一个新的可能性，也或许这两个想法之间也存在着一定的关联。如果平行世界真的存在，而且未来能够逆着时间影响当下，那么二者之间确实存在着一致性。

让我们再看一看维格纳的朋友这个例子。在活猫所处的世界1，教授逆着时间送回一个确认波，他的朋友收到确认波，然后，教授朋友又逆着时间向听诊器送出另一个确认波，接着听诊器逆着时间向活猫送出一个确认波。现在，在有只死猫的世界2重复这一连串的动作。在不同世界的两只猫也分别逆着时间向毒气设备送出确认波，毒气设备正是出价波的源头。根据交易诠释，两个确认波中只有一个能够抵达毒气设备，因此，要么启动毒气设备使其释放出毒气，要么没有任何事情发生。根据平行世界模型，两道波都被毒气设备接收到。

如果两道确认波处于不同的平行世界，而非同一个世界，那么上述两个诠释是一致的。这样的话，我们就为平行世界的出现找到了理由：它们必须存在，以满足任一世界存在所必需满足的物理约束。如果没有约束的话，所有物理现象，包括所有可能的叠加态，甚至最怪异的叠加态都会彰显于同一个世界；有约束的情况下，则会彰显为多个世界，那些具有约束性的定律与法则塑成了每一个具体的世界。例如，原子要求电子以电子云的形式存在，然而，如果某一约束定律规定在一个能量稳定的原子中，只能有一个电子，那么电子就必须以单一粒子的形式存在于每一个平行世界中——共有无数个此类的平行世界，而不是无数个电子同时存在于同一个世界中。

这些约束条件为我们的世界带来理智与理性，它们就是诸如能量及动量守恒定律（如果能量只允许一个光子存在的话，就不会出现两个光子）等的物理定律。因此，交易诠释可能确实与平行世界理论是一致的。尽管该理论认为，如果总是只有一个确认波来响应任何出价波的话，就不需要平行世界，然而，阿尔伯特所举的照片例子以及多伊奇的量子计算机都要求平行世界的存在。如果平行世界确实存在，那么我们就可以期盼许多令人眼前一亮的全新现象出现在我们的生活中。这两个想法共同表明，未来可能比我们躺在经典牛顿力学的床上所能梦（想）到的要重要、精彩得多！

图书在版编目（CIP）数据

量子心世界：解读你的底层心智模式 /（美）弗雷德·艾伦·沃尔夫（Fred Alan Wolf）著；艾琦译. --2版. -- 北京：华夏出版社有限公司, 2022.10
书名原文：Taking the Quantum Leap: The New Physics for Nonscientists
ISBN 978-7-5222-0339-3

Ⅰ.①量… Ⅱ.①弗…②艾… Ⅲ.①心灵学 - 通俗读物 Ⅳ.①B846-49

中国版本图书馆CIP数据核字(2022)第104295号

TAKING THE QUANTUM LEAP, Copyright © 1981 by Fred Alan Wolf
Preface, chapter 15, Copyright © 1989 by Fred Alan Wolf
Published by arrangement with Harper Perennial, an imprint of HarperCollins Publishers.
Simplified Chinese Copyright © 2022 Huaxia Publishing House Co.,Ltd
All rights reserved.

版权所有 翻印必究
北京市版权局著作权合同登记号　图字：01-2013-0267号

量子心世界：解读你的底层心智模式

作　　者	[美]弗雷德·艾伦·沃尔夫
译　　者	艾　琦
责任编辑	陈　迪
出版发行	华夏出版社有限公司
经　　销	新华书店
印　　刷	三河市少明印务有限公司
装　　订	三河市少明印务有限公司
版　　次	2022年10月北京第2版　2022年10月北京第1次印刷
开　　本	710×1000　1/16开
印　　张	17
字　　数	228千字
定　　价	69.00元

华夏出版社有限公司
网址：www.hxph.com.cn　地址：北京市东直门外香河园北里4号 邮编：100028
若发现本版图书有印装质量问题，请与我社营销中心联系调换。电话：（010）64663331（转）

Better系列 读者调查

感谢您参加《量子心世界》读者调查活动，传真或邮寄此页（附购书小票）回编辑部，即可获得神秘礼品一份（数量有限，赠完为止）。参加此次活动者还将通过邮件不定期收到Better系列的最新出版信息，敬请期待！

Step1 您的基本资料

姓名：_____ 性别：□女 □男

年龄：□20岁及以下 □20-30岁 □30-40岁 □40-50岁 □50-60岁

电话：_____ E-mail：_____

学历：□高中（含以下） □大学 □研究生（含以上）

职业：□学生 □教师 □公司职员 □机关 □事业单位 □媒体 □自由职业

Step2 您对本书的评价

您从哪里得知本书的信息：

□书店 □报纸 □杂志 □电视 □网络 □亲友介绍 □工作坊 □瑜伽馆 □其他

读完这本书您觉得：

内容：□很吸引人 □还好 □枯燥（请说明原因）_____ □您的建议_____

封面设计：□够酷 □还好 □没注意 □不好（请说明原因）_____

□您的建议

价格：□偏低 □合适 □能接受 □偏高 □您的建议_____

Step3 您的建议

您喜欢哪种类型的书籍：

□经管 □心理 □励志 □社会人文 □传记 □艺术 □文学 □保健 □漫画
□自然科学 其他_____（请补充）

您不喜欢哪种类型的书籍：

□经管 □心理 □励志 □社会人文 □传记 □艺术 □文学 □保健 □漫画
□自然科学 其他_____（请补充）

您给编辑的建议：_____

华夏出版社地址：北京市东直门外香河园北里4号 **Better**编辑部
邮编：100028　传真：(010)64662584
Better编辑部 博 客：http://blog.sina.com.cn/betterbookbetterlife
　　　　　　微 博：http://weibo.com/1617597092

请延虚线剪下装订寄回，谢谢！